環境教育学のために

基礎理論を踏まえて越境する

今村光章
Imamura Mitsuyuki

めるくまーる

カバー画　向井潤吉『川と民家』（世田谷美術館所蔵）

環境教育学のために

基礎理論を踏まえて越境する

目次

はじめに

「地球環境問題の解決は喫緊の課題である。だから、環境問題を解決する環境教育が必要である」——誰かがそう熱く語れば、たいていのかたはうなずくだろう。だが、続けて誰かが「でも、環境教育は環境問題を解決できるのか」と問いただせば、どうだろう。

この問いは、素直なように見えて実にたちの悪い問いである。もし可能だと答えれば、具体的な方法と実効性を証明する科学的根拠が求められ、たちまち返答に窮することになる。不可能だと答えれば、「ならば、環境教育の存在意義とは何か」と冷ややかに問い直される。

そのため、出される問いを先回りして想定し、それから逃げるかのように、この問いには次のよう答えてきた。——「現在の環境教育では解決できるとは断言できない。それを包摂する、環境のみならずその他の諸価値に関する広義の〝新環境教育〟なら、役立つかもしれない」と。だが、この答えが許されないことも先刻承知している。そう答えたところで、「では、〝新環境教育〟は環境問題を解決できるのか」という同種の問いがたちどころに投げかえされるからだ。

たしかに、環境教育は環境問題の解決に直接的にはさほど役立たないかもしれない。しかし、人類が環境と折り合いをつけて生きていくうえで必要な教えと学びは厳然として存在する。人類が無謀にも自然との関係において致命的な過誤を犯している今こそ思い起こさなければならない。加えて、環境問題を解決するという教育目的のためだけではなく、存在の豊かさを保ちながら人類が生き延びるためには環境教育が必要である。

環境問題に対峙することから出発した環境教育は、人間の生（life）――生命と生活と人生――に不可分に密接にかかわりあっている。逆に言えば、人間の生そのものを丸ごと対象領域に入れなければ、環境問題に向き合う教育を構想することはできない。したがって、「環境教育は環境問題を解決できるのか」という問いかけには、その問い自体が非生産的な問いであると反論できる。つまり、その問いの環境教育とは狭義の環境教育に過ぎず、環境問題の解決はごく一部の教育目標に過ぎないと応じることもできる。

本書は「環境教育学とは何だったのか」という問いを抱いて、過去のものとして閉ざしていく研究書ではない。「環境教育学は何であろうとするべきか」と意欲的に問う研究である。目指すのは、人間と自然および環境とのかかわりを教えかつ学ぶ営みに関する討議空間の整備である。そして、環境問題解決に基礎づけられた環境教育の宿命の閾を取り払って越境し、人間と環境との関係をどのように教え学ぶのかという新たな視点と方法とを、ある全体像に向けて論じることである。

そのため、環境教育に精通している読者の皆様や地球環境問題を解決したいという願望を抱いている方々のみならず、環境教育にさほど興味のない読者の方々にも、また、そうした教育を否定的に見ている立場の方にも、ぜひとも本書にお目通しいただき、環境教育学へのご理解を深めていただきたいと願っている。

第一部　環境教育学の基礎理論

序　章　本書の課題と構成

第一節　本書の目的と課題──環境教育学への視点

本書の目的──環境教育の基礎理論を整備

本書の目的は、環境教育（environmental education, Umwelterziehung, Umweltbildung）の基礎的な理論（fundamental theory）を構築し、環境教育学という学問分野を切り開く布石とすることである。

ここでいう環境教育学には二つの意味がある。

まずは、環境問題やその対策について教え学ぶ教育活動を研究対象とするという意味で、環境教育に関する学、すなわち「環境教育─学」という意味である。次に、環境に関連する広い意味での教育一般に関する学という意味で「環境─教育学」という意味である。

前者の「環境教育─学」は、環境教育という名称で実践される教育活動の方法やカリキュラムの内容についてのひとまとまりの科学という意味で、教育活動がやや狭く限定される。

他方、後者の「環境―教育学」は、自然や環境と人間とのかかわり方や生活環境における人間形成、教育環境の整備など、教育全体を包括的に捉える学と把握したい。本書では、前者の基礎理論を踏まえつつ、後者の環境に関する教育学に重点をおきたい。

そのため本書では教育学（pedagogy, Pädagogik）の立場から、環境教育の用語法と黎明期の歴史、理念や概念、研究方法、教育的価値論、環境教育の広がりを見据えた臨界領域、将来の発展の可能性にわたる基本的な問題領域を検討する。そのことで「環境―教育学」の基礎理論を構築する。

本書には二つの目標がある。

ひとつは、環境教育の基礎理論を整備して、環境教育について一定の共通理解をし、「環境教育は何であることにしようか」という問いを交わせる共通のプラットフォームを構築することである。その整備の過程で、環境教育は当初は環境問題解決という宿命を持つ分野として境界を設定されたが、その枠組みを遥かに超えた広く深い視点と内容が盛り込まれていることを示したい。

もうひとつは、人間と環境とのかかわりを教え学ぶ教育活動と学習活動の重要性を社会的に幅広く理解していただくことである。環境教育は狭義の環境問題解決教育として細分された行動目標をただ遂行する教育ではない。自然と環境にかかわる総合的な知の受け渡しはもっと包括的に捉え直すべきであるということを示したい。

本書の課題――環境教育の基盤としての教育的価値論への問い

あらためて指摘するまでもないことだが、遺伝と並んで環境は人間形成に大きな影響を与える。

「氏より育ち」「朱に交われば赤くなる」「水は方円の器に随う」などの教育に関することわざや、いわゆる「孟母三遷」の教えなど環境による教育の可能性を指摘したものは多い。子どもばかりではなく大人も、自然環境や社会環境のなかで生活しながら成長している。どのような環境で育つかということは、人格形成において決定的ともいえる影響を与える。

　しかも、そうした環境のなかで、どのような「生活（life）」を送るかということも人間形成に重大な影響を与える。生活と教育は不即不離の本質的かかわりを有している。周知のとおり、教育学の祖の一人であるペスタロッチ（Johann Heinrich Pestalozzi, 1746–1827）の名句「生活が陶冶《とうや》する（Das Leben bildet.）[1]」においては、生活が知育に影響することや、家庭生活が人間形成に影響することが含意されている。ペスタロッチの前後に現れた代表的な教育学者らの多くも、「生活そのもの」や「共同生活」ならびに「社会生活」が人間形成と不可分の関係にあることを明らかにしている。

　現代社会では、快適な環境を創造して豊かで便利で快適な消費生活ができる。しかし、どのような消費生活をするかということを自ら考え、実践し、時には反省して変化させなければ、豊かな人間性が育まれることはない。ひいては、維持可能な社会が継続できるかどうかも消費生活にかかっていると言っても過言ではない。消費生活の仕方は人間形成とその社会の構築に大きな影響を与える。

　生育環境やあらゆる生活の仕方が人間形成に多大な影響を与えることから、教育学においては、よりふさわしい環境を、子どもの発達段階のふさわしい時期に、しかも、ふさわしい順序で与えることが重要であると捉え、意図的計画的に子どもを育ててきた。しかも、ふさわしい生活をするように配慮してきた。その際「よりよいものとは何か」という問いに対峙し、現在流通している考え方の見直しをする役目を担うのが教育学である。このように環境と生活は間違いなく見逃すことのできない教育の構成要素である。

逆に言えば、環境を意図的に変えるならば人々の生活様式が変容し、結果として人間形成の在りかたも変化する。ひいては、社会も変貌を遂げる。どのような環境を与えどのような生活をすることを推奨するのかを再考して人間形成の方向づけが変容すれば、生活様式が変化して、社会全体も大幅に変化する。

注意すべき点は、「よりよいもの」や「よりよい環境」を与えようとするとき、価値判断が教育に入り込んでくる点である。教育科学（Erziehungswissenschaft）の旗手として名高い教育学者ブレツィンカ（Wolfgang Brezinka : 1928–2020）も、「教育はすべて何か価値の高いものに方向づけられており、いかなる者も価値づけすることなしには教育できない」ことを明言し、教育における基本的価値に関する共通理解の必要性を訴えている。[2] 端的にいえば、教育者の意図がある限り、教育的価値論をまったく欠いた教育は存在しない。だからこそ、「よりよいもの」とは何なのか注意深く議論する必要がある。

環境と環境問題に立ち向かう教育とは、人間が「生きるということ」――総じて生命・生活・人生の問題――と本源的にかかわりあわざるを得ない。しかも、人間の「生きるということ」全体の「変更」を課題にしなければならない。したがって、この「変更」の課題は、環境教育という一領域だけが直面すべき問題ではない。現在の教育学がこぞって直面すべき性質の課題である。環境教育における教育価値論の検討は、社会とそこで生きる人間形成の方向性の「変更」と不可分である以上、環境教育の基盤としての教育的価値論への問いは、教育学すべてに対する問いでもあると言えよう。

先行研究の検討——単独の著者の環境教育研究書

歴史学の分野では、ひとりの著者が通史を執筆し刊行することは極めて難しい。対象が膨大だからである。同様に、広い意味での教育学について、ひとりの著者がその全体像を描くのは困難である。通史と同様に広大な領域を含むからである。だが、もとより微力であることは十分認識しつつ、本著作は単独で執筆する。なぜなら、環境教育の分野において、複数の著者による優れた研究書は多々あるが、やはり統一感や一体感を欠く印象が完全には払拭できないからである。

書名に環境教育の文字が入っている環境教育に関する単著の研究書は20冊余りあるなかで、本書で丹念に参照した書籍は2冊ある。まず、元日本環境教育学会会長の鈴木善次が2014年に出版した『環境教育学原論：科学文明を問い直す』[3]である。鈴木は1994年にも『人間環境教育論：生物としてのヒトから科学文明を見る』[4]で環境教育に関する著作を著しており、『環境教育学原論』はその続編ということになる。鈴木は、40年以上にわたって主として理科教育の立場から環境関係の教育活動にかかわっており、その経験をもとに「環境教育とは何か」という根本的な問いを抱いている。鈴木は、環境問題は文明問題であるという意識から出発し、理科教育の分野を中心に科学教育について深い造詣がある。なかでも鈴木は、「『環境教育に関する研究』を一つの学問分野として位置づけ、それに『環境教育学』という名称を与え[5]」ている。この場合は、環境教育についての学である「環境教育—学」が強調されている。

もう一冊は、30年以上にわたって理科教育と環境教育そのものの研究にあたった環境教育研究者のパイオニアである市川智史が2016年に著した『日本環境教育小史』[6]である。鈴木の著作は理科教育的な色彩が強いが、同じく理科教育分野が出身の市川の単著はその色彩が薄められている。市川は、環境教育そのものの立場から、主としてその歴史について歴史的資料を丹念に読み解き、極めて精緻な環境教育史研究を行っている。こちらも手堅い「環境教育―学」の研究書である。前記の二冊は、「環境教育とはなにか」という問いを根底に有している。また、環境に関する教育学も随所に含まれていると看取できるが、主として環境教育に関する書籍である。

すこし歴史をさかのぼれば、幼児教育の分野に二冊の単著がある。2011年に刊行された大澤力の『幼児の環境教育論』[7]と2012年に刊行された井上美智子の『幼児期からの環境教育：持続可能な社会にむけて環境観を育てる』[8]である。この2冊は、就学前教育機関における領域「環境」における教育と保育に主眼がおかれている。他方、2012年には、降旗信一が『現代自然体験学習の成立と発展』[9]を著しているが、その主眼は自然体験学習にある。高橋正弘は2013年に『環境教育政策の制度化研究』[10]で環境教育制度化研究を行っているが、こちらは政策に重点が置かれている。どちらも優れた研究書であるが対象がやや限定的であり、環境教育の基礎理論からメタ理論までを教育学の立場から包括的に扱った全体的な環境教育論ではない。なお、拙著『環境教育という〈壁〉：社会変革と再生産のダブルバインドを超えて』[11]は、前半は価値論で後半は絵本論であり、全体を通した一つの筋立てができておらず、寄せ集めの論文集であったという反省が残る。

そのほかにも表1〈環境教育関係の単著〉のように、環境教育について単独の著者が執筆した著作があるものの、理科教育や自然体験学習の立場からの著作が主であり、教育学の立場からまとめられたものはない。また、昨今では、ESD（Education for Sustainable Development：持続可能な発展のための教育）やSDGs（Sustainable Development Goals：持続可能な開発目標）関係の書籍は多数出版されているが、タイトルに環境教育が付された出版物は少なくなっている。しかも、単独の著者が執筆している書籍は少ない。また、どれもが「環境教育―学」に重点をおいた研究書である。

以上のように、環境教育関連の出版が減少しており、しかも単独の著者が一定の視点から環境に関する教育学（「環境―教育学」）について論じた類書はない。そのため、非力ではあるが、ここにひとまとまりの考えを示し、ご批判とご叱正をお待ち申し上げたい。

表1 〈環境教育関係の単著〉

1982年	沼田眞	環境教育論（東海大学出版部）
1985年	福島要一	環境教育の理論と実践（あゆみ出版）
1993年	福島達夫	環境教育の成立と発展（国土社）
1994年	鈴木善次	人間環境教育論：生物としてのヒトから科学文明を見る（創元社）
2009年	今村光章	環境教育という〈壁〉：社会変革と再生産のダブルバインドを超えて（昭和堂）
2011年	大澤力	幼児の環境教育論（文化書房博文社）
2011年	荻原彰	アメリカの環境教育：歴史と現代的課題（学術出版会）
2012年	井上美智子	幼児期からの環境教育：持続可能な社会にむけて環境観を育てる（昭和堂）
2012年	今井清一	食環境教育論（鳥影社）

2012年　降旗信一　現代自然体験学習の成立と発展（風間書房）
2013年　高橋正弘　環境教育政策の制度化研究（風間書房）
2014年　鈴木善次　環境教育学原論：科学文明を問い直す（東京大学出版会）
2014年　降旗信一　ESD〈持続可能な開発のための教育〉と自然体験学習（風間書房）
2014年　小玉敏也　学校での環境教育における「参加体験型学習」の研究（風間書房）
2015年　今井良一　環境教育学と地理学の接点（増補改訂版）（ブイツーソリューション）
2015年　小澤紀美子　持続可能な社会を創る環境教育論（東海大学出版部）
2016年　市川智史　日本環境教育小史（ミネルヴァ書房）
2017年　鈴木路子　人間環境教育学（建帛社）
2017年　山本容子　環境倫理をはぐくむ環境教育と授業：ディープ・エコロジーからのアプローチ（風間書房）

第二節　本書の構成——環境教育学への視点

第一部「環境教育学の基礎理論」の構成

さて、本書の構成をごく簡単に紹介しておこう。環境教育の基礎理論形成、および、その越境と深化を求めるという複眼的な視点を併せ持ち、本書では、環境教育学の発展のために教育学的見地からアプローチできる範囲の限定的な考察を試みる。第一部では基礎理論の構築を目指し、第二部では環境教育の教育的価値論の検討と他の教育分野への越境をもくろんでいる。

まず、第一部「環境教育学の基礎理論」では、学理論の構築を目指すための用語の検討と黎明期の歴史について論じる。あまりにも迂遠であるように受け取られるかもしれないが、ご批判を恐れず、用語、環境教育史、環境問題史を概観した後で、教育学的アプローチの特質と意義やその必要性、理論的な研究の意義について論じる。第一部では、基礎的な研究のなかで、「そもそも、環境教育とは何か」という問いに向き合いたい。

それぞれの章の内容を簡単に記しておこう。

第一章「用語『環境』『環境教育』の系譜」では、環境教育の語義と理念を求めて、「環境」と「環境教育」という用語の語義や意味、日本語に導入された際の歴史をたどることで、本書で用いる用語を吟味しながら環境教育の本来的な意義を探りたい。

第二章「黎明期の環境教育史に関する教育学的考察」では、環境教育の特徴を理解するために国際的な政治の場で成立した現代的な環境教育の黎明期の歴史を教育学的な見地から捉えなおす。この過程で、環境教育が産み落とされた際の理念を再確認して、環境教育が直面している問題を解決するための示唆を得る。

第三章「環境問題史に関する基本的考察」では、教育学という限定的な見地からであるにせよ、地域的な環境問題と地球環境問題の歴史について概観する。その内容は環境教育実践の内容ともなる。また、環境問題の解決策について検討する。

第四章「環境教育に対する教育学的アプローチの基盤」では、環境問題の存在論、人間形成への教育的配慮としての「制御」の必要性、教育目的論の確認、教育（学）的な対処方法の枠組みをめぐっての基本的な視点を確認する。

第五章「環境教育学の学理論に関する基礎的考察」では、学・論・研究等の整理を試みる。実践と理論およびメタ理論についての三層構造についても言及する。

第二部「環境教育学の越境を求めて」の構成

次に、第二部「環境教育学の越境を求めて」では、教育的価値論の必要性を確認するとともに、環境教育という領域の境界を超える試みを行う。

第六章「環境教育ダブルバインド論を超えて」では、環境教育実践が直面する問題を、現代社会に支配的な価値観と持続可能な社会における価値観のダブルバインドの問題として把握し、メタ理論の必要性について論じる。

第七章「『持続可能性』概念を基盤とした環境教育理念」では、持続可能性概念を検討し、「持続可能性に向けた教育」の意義と特質に言及する。

第八章「『ある存在様式』を手がかりとした環境教育理念」では、「ある存在様式」という概念装置と社会的性格という分析枠組み、ならびに社会的変革についてのひとまとまりの思想が、環境教育のメタ理論の一つとなることを明らかにする。

第九章「絵本のなかの既存型環境教育を求めて」では、理念先行のメカニカル＝テクニカルな環境教育ではなく、既存型の環境教育として、絵本のなかにある環境教育について論じる。終章「生きる環境教育学：深化し越境し変貌する可能性を求めて」では、環境教育学が広い意味で人間が生きるということに生かされる可能性について述べる。

あらかじめお断りしておくならば、本書で扱わなかった主題が二つある。

第一に、具体的な環境教育のカリキュラムと授業実践には言及していない。本書のタイトルを「環境教育学のために」としたように、ここでは環境教育の学理論に関して整理を試み、体系化する試みを中心に据えるからである。もちろん、実践を過小に評価するわけでも無視するわけでもない。

第二に、遺伝と環境の関係や教育的環境学に関しても扱わなかった。環境と教育の関係は古く密接なので、環境と教育の関係はもっと吟味しなければならない点がある。だが、本書では環境危機を克服しようとする努力の一つとして数えられる環境教育について注目する。したがって、遺伝と環境との関係や教育的環境学には多くを言及していない。したがって、これらの点については後日を期さねばなるまい。

環境問題を根本的に解決するためには、社会経済的構造ばかりではなく人間の基本的生活体験や生き方が総合的に変わるというダイナミックな変革が必要になる。その全体構造にわたる変革の中では人間形成の方向づけも変化させなくてはなるまい。その際、人類が心理的にも肉体的にも「無価値な存在に堕することなく[12]」救われなくてはならない。人類が、多様な価値のなかで、個々の存在の豊かさを保ちつつ、十全な生を生き延びることができるような人間形成の方向性を論じたい。

第一章　用語「環境」「環境教育」の系譜

第一節　用語「環境」の系譜

用語「環境」と「環境教育」の由来

本章では、環境教育学の基本的視座を確実なものとするために、日本語の用語「環境」と「環境教育」の由来を明確にする。それぞれの語の語源、外国語の語源と日本語に翻訳された経緯をたどることで、環境教育に関する幅広い示唆を得て、基本的認識を共有したい。

一般に、環境とは人間を取り巻くとともに人間に相互作用を及ぼしあう一定の区域や領域をもった外界として理解されている。すなわち、人間を主体と見なして、その主体の外側に存在する多種多様な「もの」の総体が環境である。もっとも、環境は幅広い用法で使われており、人間を主体にする場合でも、自然環境、社会環境、生活環境、人間環境など、環境を限定する語を冠として「〇〇環境」として使われ、多彩な意味を有している。

他方、人間以外の動植物や無生物を主体と見立てて、その主体が動き回る周りの「もの」全般や一定の生育範囲を指す場合もある。この場合、動植物といってもある生物の個体、ある種の生物群にとっての環境という場合もあれば、生態系全体を指している場合もある。なお、「もの」は可視的な物理的物体ではない場合も多い。このように「環境」の主体は多義的である。そこで、あいまいさは残るが、環境とは、「人間や動植物を取り巻くとともに相互作用を及ぼしあう一定の区域や領域をもった外界」としておこう。

環境教育という用語も、一般の人々にも非常になじみのある言葉として用いられるようになっている。こちらも一般的な意味でいえば、環境や環境問題、環境保全、環境保護、自然や自然保護、自然観察、野外活動等にかかわる教育と学習活動のことである。しかしながら、この用語にしても、それを用いる人々の経験や思想、様々な文脈や場面によってきわめて多様に理解されている。環境教育という用語を用いたからといって、誰もが即座に共通理解の上に立つことができるというわけではない。こちらも、あいまいさは残るが、環境教育とは、「環境と環境問題に関する教育で、環境問題を解決することを主たる目的とする教育」と暫定的に定義しておくとしよう。

昨今では、用語「環境」と「環境教育」は日常語としてすっかり定着した感がある。しかしながら、確固たる学術用語として用いて、疑問の余地なく共通理解にたつためには、まだまだ入念な検討が必要である。それゆえ、両用語の由来や歴史、翻訳語としての成立過程、語義に言及したい。

用語「環境」「環境教育」に関する先行研究の概況

環境教育の研究者らの用語「環境」「環境教育」に関する先行研究を古い順にいくつか紹介しておこう。

1991年に、日本環境教育学会の元会長の阿部治が環境教育をめぐる用語を整理している。阿部は、環境教育と、以下の五つの教育、つまり自然教育、野外教育、自然保護教育、公害教育、開発教育とのちがいを整理しているものの、環境教育の系譜には触れていない。(1) それでも、同年から日本環境教育学会の学会誌『環境教育』が刊行され始めた。そのなかで、用語に言及している先行研究がある。

まず、1995年に井上美智子は保育と環境教育の接点について論じる前置きとして環境という言葉を考察している。井上は、現代用語としての環境の用法が、「人間社会の問題である環境問題の背景にイメージさせる。その主体は人間である」(2) ことなどをまとめており、保育における環境や保育内容「環境」、ひいては環境教育における環境についてその概念を整理している。しかし詳細には言及していない。

次いで、1998年に川原庸照らが「自然(nature)」と「観察(observe)」との関連において、「環境」という用語が「日本人を取り巻く環境に対する文化的局所的認識の集大成」であると指摘し、その「認識」が西欧世界の認識と異なることを指摘している。(3) こちらも、環境という言葉の由来には触れていない。

1992年以降に出版されるようになった環境教育関係の用語集等に目を転じてみよう。

1992年の6月には環境教育事典編集委員会の『環境教育事典』(労働旬報社)が、7月には東京学芸大学野外教育実習施設の『環境教育辞典』(東京堂出版)が出版されている。これらの書物では環境の定義がなされているが語源には触れられていない。１９９６年には『環境教育指導事典』[4]、２０００年には『環境教育　重要用語３００の基礎知識』[5]、２００１年には『環境教育がわかる事典』[6]が相次いで出版された。これらの用語集でも、環境や環境教育の定義について記述はされているが、語源や由来に関する言及はない。その後も用語とその系譜についての検討はない。ようやく、２０１６年に市川智史が『日本環境教育小史』[7]で環境教育の創成期（１９７０年代）の用語の歴史を詳らかにした。この著作では、用語「環境教育」に関する言及はある。だが、用語「環境」についての語源的説明や定義づけに関しての議論は十分であるとまではいえない。

このように、環境教育の領域において語源的考察に関する先行研究は手薄である。この状況に鑑み、翻訳語である用語「環境」の発生に関して概観するとともに、哲学と教育学の領域における用語「環境」の成立過程を詳細にあとづける。次に、日本における用語「環境教育」の由来とその発生過程に関して検討する。最後に、環境教育学の構築へ向けて手掛かりを得るための若干の予備的考察を試みたい。

なお、本章においては、こうした歴史的な研究の性質から、読みにくくなることを怖れず、必要と思われる場合には、本文中に書名や著者名および著者の生没年等を挿入した。本章の意図に鑑みてご寛恕を請いたい。また、便宜上、元号を括弧書きで挿入したが、年代を容易に想起する手がかりとして挿入したにすぎないことをお断りしておく。

現在、"environmental education"は、「環境教育」と翻訳されているが、形容詞形である"environmental"のもとになっている名詞"environment"が、英語に定着した経緯をめぐっては二つの説がある。

一つは生物学で通説となっているように、イギリスの生物学者スペンサー（Herbert Spencer, 1820–1903）が、古代フランス語（Old French）からこの語を英訳し、生物学的な学術用語として使用しはじめてからのことであるとされている。したがって、19世紀半ばからこの用語が出現してきたといえよう。スペンサーのいう意味での環境は、様々な計量可能な環境要因の寄せ集めではなく、あくまでもそれらの総体として認識されるものである。[8]

しかし、それ以前に"environment"の語源をたどることができる。名詞を動詞化する"en-"と、元来、中期英語（1150–1500）で"circle"つまり円を示していた"viron"との合成語であることから、丸い境界などを形成して「取り囲む」という動詞"environ"が、12世紀から13世紀頃にかけて存在したという説がある。[9]

このように、動詞には言及できるが、その名詞形がすぐに登場したわけではないため、名詞形や形容詞形については即座に推定できない。たとえば、中期英語（１３５０年）ではすでに、古代フランス語の"environer"に由来する"envirounen"や"environner"という名詞が存在したという説がある。"environ"とこれらの語のどちらが先であるにせよ、フランス語と密接な関係にある"environment"は、12世紀から16世紀ごろにかけて産み出された言葉である。

ただし、いくつかの異説がある。たとえば、"environ"は本来"virer"「回転する、方向を変える"veer"」に由来しているという説や、[10]「船の方向を風下に変えること」といった意味合いを持つ古代フランス語の"to veer"に由来するといった説がある。[11]「方向を変える」といった意味から"environ"が派生してきた異説を踏まえれば、奇しくも人間を囲んでいる環境が危機的な状況に陥っていることで、人間が現在の生き方の「方向を変える」必然性に迫られているともいえる。すでにその語源において、用語「環境」は人間社会のすすむ方向について様々な葛藤を引き起こして、人間の生き方に方向転換を迫るような重要な契機であるという意味が含意されているとも理解できるだろう。

“environment” の概念

環境、すなわち“environment”の概念については、すでに多くの論者が指摘しているように、ある主体の概念の成立や、ある物体の境界の内部と外部という概念の成立とともに出現する。“environment”は、語源の「~を取り囲む」という他動詞から派生しているように、ある主体を取り巻いている外界という意味で、取り囲む客体と取り囲まれる主体を前提としている。日本語の環境という概念を示すと思われる“environment”以外の語をとりあげて比較してみると、このことはもっと明確になる。

日本語で意味するところの環境を英訳する際には、“circumstance”を用いる場合がある。逆に、“circumstance”が日本語に訳される場合には、状況や事情、境遇などという訳語が充てられる。この語は、主として自動詞として用いられたラテン語の“sucumsto”、すなわち“to stand round”といった「…の周りに立つ」という語に由来する。自動詞から派生する“circumstance”は、“environment”とは異なり、他動詞から派生していないために主語―目的語関係を明確にしていない。したがって、主体―客体概念を有していない。

環境概念を表す言葉に、自動詞から派生したものと他動詞から派生したものがあることについては、環境を示すフランス語の“milieu”でも明確である。

“milieu”の語源については、前置詞としての“mi-”が、ラテン語の“medius”の短縮されたかたちであるとされ、「時空の真ん中」を指す言葉であり、“lieu”が場所を意味する言葉であるとされている。この語は、中心、真ん中、中庸といった意味や、社会、階層といった意味を併せ持っているが、元来「中央を取り巻く場所」という意味である。中央を前提としているのみで、“milieu”概念はある主体を明確に前提としているわけではない[12]。

英語と同様に、フランス語にも、環境を示すもう一つの語として“ambiance”という用語がある。この語は「取り囲む」という意味のラテン語“ambio”に由来するとされている[13]。それぞれ、“milieu”が自動詞的な意味で、“ambiance”が他動詞的な意味での環境である。

ドイツ語で環境を表す用語においては、明確に自動詞と他動詞から派生した語が存在するようには看取できないが、やや類似した区別がされている語がある。一般に、生物の主体的感覚で把握できる外界の状況や生物の生活に相互作用をもつ条件が環境と捉えられ、この意味での環境が一般に“Umwelt”として示される。この用語は、ドイツの動物学者ユクスキュル（Jakob Johann von Uexküll, 1864–1944）が、働き掛けに対して反応のない単なる物理的化学的な環境という意味での“Umgebung”ではなく、動物にとって、働きかける対象であり、作用し主体的に相手に意味を与える世界として把握する“Umwelt”を用いたことによる。これは20世紀前半のことであった。

前述のように、“environ”は、他動詞的にある主体をその周りの客体に応じて取り囲むといった意味合いを有する。それに対し、“circumstance”は自動詞的な意味合いから周りには関わりなく立つといった意味を示す言葉として理解される。それゆえに環境概念、つまり“environment”には必ず環境に対する主体の存在が前提となる。この用語は、最も遡れば九世紀頃から存在するようだが、今日一般化しているような用法となったのは19世紀半ばごろのことである。

用語「教育」「教育学」に関する予備的考察

環境教育という用語は、環境と教育との合成語である。そこで次に教育（education, Erziehung）と教育学（pedagogy, Pädagogik）にも言及しておきたい。ただし用語「教育」と「教育学」の語源や語義については、教育という漢字の意味や成り立ち、古代中国の思想家孟子（B.C. 372?–B.C. 289?）の『孟子』における用例に関する語源的な考察など、膨大な先行研究の集積がある。ここでは屋上屋を架す愚をおかすことは避け、一瞥するにとどめたい。

基本的には英語やフランス語の教育という用語は語源的にはラテン語の「（植物などを）栽培する」「育てる」と「導く」、あるいは、ドイツ語では「外へ引き出す」という意味に遡る。子どもの能力や本性を現実化することを援助するという意味である。換言すれば、教育とは、新しい世代に対して行われる、広く人間形成に関する古い世代からの働きかけである。どのような意味においても、この働きかけは、親や教師をはじめとする先行世代の大人が、後世代の子どもを「善く」しようとして為される。子どもが健やかに、「善く」育ってほしいと願うのは、教育（学）に関係する者の普遍的な願いである。こうした記述は、教育学の代表的な著作においては随所に見受けられる。[14]

教育という行為は価値志向的であり、目的的かつ実践的な営みである。むろん、ごく狭い意味解釈に過ぎないという批判はあるだろう。だが、本書の出発点として、「教育は善いものへ向けた人間形成の営みである」という理解から、環境教育についての教育学的基礎づけを試みる。

平たくいえば、教育とは「あるもの」から「あるべきもの」へ向ける作用であり、まったくの自然的偶発的な生成ではない。正反対に、教育者の側の一方通行的な合目的的かつ計画的な形成でもない。「あるもの」と「あらねばならぬもの」との弁証法的関係を踏まえ、教育者と学習者が相互変容しながら、教育者が学習者を意図的計画的に自然状況から価値的な状況へと導く方向性を教育（学）は堅持している。

また、教育者は学習者の学習を計画しあるべき方向へと方向付けるが、その際、学習者との関係のなかで教育者も変容を遂げる。教育者の価値観が固定的であることはない。また、歴史と社会を完全に超越した普遍妥当的な価値的方向性といったものが存在するわけではない。そのため「あらねばならぬもの」が固定的であるということは決してない。柔軟に、被教育者の人格と生活、ひいては被教育者が所属する社会集団と将来の社会の構成員のためにも、何らかの「善き」方向づけを行うことが教育の営みである。

一方、教育学は、ギリシャ語の“paidagogike”、すなわち、“pais”（子ども）と“ago”（導く）、あるいは“agein”（導く者）という複合語から成立する。[15] ごく一般的な意味でいえば、教育学は、語源的には「子どもを導く術」であり、子どもの「いのち」の存在を前提にした人間の教育の営みに関する学である。[16] 教育と教育学の特質は、学問の出発点から、「いのち」そのものに原理的に深く関わっており、子どもと人間が健全に発達し形成されることを望む者たちの願いを起点としているところにある。そして導く方向性があることも前提とされている。

ここで示す子どもという言葉は、「いま、ここ」に存在する子どもだけのことを指すのではない。

未来世代の子どもや大人をも包摂する。したがって、環境と環境問題に取り組む教育学は対象領域を飛躍的に拡大させなければならない。さらに、教育学は、子ども時代だけにかかわらず、人間の一生涯の人間形成全体——生老病死を含めて——を対象とする。そのため、環境教育（学）が実現しようとする教育目的の一つである持続可能な社会の構築や人類を破局から救うことと一般的な意味での教育学とは不可分に結びついている。本書を貫く主張だが、教育学そのものがそっくりそのまま環境教育学であるともいえるだろう。

第二節　日本語における哲学上の用語「環境」の登場

「環」と「境」の語義

次に、日本語の用語「環境」の語義や哲学上の発生の経緯をみてみたい。「環境」は「環」と「境」の熟語であることから、それぞれの用語について若干の考察を試みてみよう。

まず、「環」は形声文字で、意符の玉（たま）と、「めぐる」意を示す「旋（セン）」の意味である音符の「カン」から成る。「カン」は、埋葬のとき、その復活を願って死者の襟もとに環形の球を加えることであるという。本来の意味は、「たまき」で、「円環形のもの」の意味から、周辺をめぐるものの意に用いられる。そこから輪や取り巻くものといった意味が派生する。また、中国語語源辞典などによれば、「ぐるりと一周して元に戻る」のが原義とされている。孟子にある「環（めぐ）りてこれを攻む」の「環」にみられるように「環」は周囲を丸くとりまくという動詞でもあった。

他方、「境」は、形声文字で意符の土（ツチ）と音符の「ケイ」からなる「土地の境」の意味である。本来の意味は、さかいや区切り目で、さかいの中、あるいはさかいのところを示すという。

『日本語大辞典』の出典にもあるように、こうした「環」と「境」が最初に「環境」という熟語として使われたのは、14世紀半ばのことである。[17]『元史・余闕伝』（中華書局、1368）「巻一百四十三」「列傳第三十」の三四二七頁をひもとけば、そこには、「乃集有與諸將議屯田戰守計、環境築堡寨、選精甲外扞、而耕稼于中。[18]」という記述がある。この文章の大意は、諸武将を集めて一計をし、城のまわりに砦をめぐらせて、その外部に選りすぐりの精選された兵を集めて置き、その内部では田を耕して、城を守ることを計ったということである。この文中では、「環境」は、円形状に境を作って、城の周囲に堀や砦（塞）を巡らせ防御するという意味で使用されている。

砦や堀という境目をつくって外部と内部を分断してその内外ともに外敵から防御するという意味は、現代の環境問題にも示唆的である。それというのも、人間の外部にある環境を守ることに躍起になっている現代社会において、環境の内側、つまり内面や精神世界を耕したという語源には含蓄があるからである。

日本の哲学史上の「環境」概念の系譜

では、日本語でこの「環」と「境」の二文字が組み合わされて使用され、しかもそれが、"environment"

の訳語として定着した時代はいつ頃であろうか。そこで、本書ではまず、明治期から大正にかけての哲学辞書や先行研究を参考に、日本の哲学史上の「環境」概念の系譜を探ってみよう[19]。

まず、1881年（明治14年）に出された井上哲次郎の学術用語の訳語集である『哲学字彙』（東京大學三學部印行）には、「Environment―環象（生）」と掲載されている。用語「環境」が発達する以前には、「環象」が使われていたことがわかる。なお、（生）とあるのは生物学の略語という意味である。

次に、1902年（明治35年）に発行された最も古い哲学辞典の一つである朝永三十郎編『哲学綱要』（寶文館蔵版）の巻末の「和獨英述語対照表」に、"Umgebung"（独）と"environment"（英）の訳語として、「還象」という語がある[20]。

その後、1911年（明治44年）に出版された井上哲次郎・元良勇次郎・中島力造の『佛英和獨哲学字彙』（丸善株式会社）では"environment"の訳語として、「環象、圍繞物、境遇」という三つの訳語が掲載されている。しかしながら、前述のどの書にも訳語があるのみで、それ以上の説明はない。この三つの辞書類から明確なことは、明治後期には、"environment"の訳語として、もっぱら「環象」「還象」「圍繞物」「境遇」の四種類が、それぞれの意味の違いが明確にされぬまま使われていたという事実だけである。

明治末期から大正にかけては、それらの四つの用語以外に「外圍」（ガイイ）、「外界」といった訳語が加えられた。この「外圍」「外界」に関しては前述の四つの用語とは異なり、若干の説明が付されている辞書等がある。たとえば、1912年（明治45年）初版の『大日本百科辞書　哲学大辞書』（同文館蔵版）によれば、「外圍」が「英 Environment. 独 Umgebung. 仏 Environnement,milieu」の訳語として充てられ、「外圍とは生物の身体が囲める外部の凡そすべての物を総称し、気候・風土・風雨・食物を初めとし、生物の身辺に襲来する敵、或いは病気等皆外圍の一部を為すもの[21]」であると定義されている。

しかも、生物学、社会学、倫理学上の三つの側面から「外圍」の分類に関して説明が加えられ、遺伝、適応やスペンサーにも触れながら、社会の客観的条件として一次的な外圍と二次的な外圍とを分類して詳述されている。それでも「議論の正確を保たしめんが為め、外圍なる文字を狭義に解し、始終一貫して同一の意味に用ひざるべからずと称せり[22]。」というように、外圍が必ずしも定着した学術用語ではなかったことをうかがい知ることもできる。

このように「環象」「還象」「圍繞物」「境遇」「外圍」「外界」といった六つもの用語が用いられてきた。だが、現在でも用いられている用語「環境」が辞書などの項目として挙げられ、統一されていったのはいつ頃なのか。辞書類でそのことを確認しておこう。

まず、1922年(大正11年)発行の宮本和吉らによる『岩波　哲学辞典』(岩波書店)では、「外圍」と「環境」の項目が併存して掲げられてはいるものの、この辞典では、英語、仏語、独語のそれぞれ"Environment"、"Milieu"、"Umgang"、に対応する訳語としてはじめて「環境」の項目が挙げられている。そこでは次のように説明されている。

「環境(英 Environment　仏 Milieu　独 Umgebung)芸術の発達、隆盛、衰退は、生物の現象と類比的である所から、生物学上に所謂環境(外圍)の概念は、往々にして芸術の歴史的現象を説明する場合に応用せらる。[23]」

一方、同書の「外圍」の説明は、前出の『哲学大辞典』の「外圍」の項目の説明の域を出ていない。『岩波　哲学辞典』でも、このように芸術の史的考察に関する環境の意義がとりあげられ、主として芸術を規定する主要素として、時代と人種に並んで、環境が注目されている。また、環境を「環境の意味を広く解すれば、そこには大体において（一）物的環境（二）社会的環境（三）精神的環境の三方面が区別されるであらう[24]」と分類している。

さらに（一）を、「（甲）地勢（乙）気候（丙）動物界（丁）植物界等[25]」に細別している。環境概念が芸術の発展を説明する要素であると位置づけたり、おおまかには現代的な分類法とおなじような分類をしたりしながら、（一）の（甲）から（丁）のように、当時の地理学の観点を踏まえた分類がなされている。

ついで、『岩波　哲学辞典』が出版された2年後の、1924年（大正13年）発行の朝永三十郎の『哲学辞典』（寶文館）でも、「環象、または圍繞界」という項目があり、「道徳的環象」「社会的環象」という用例が紹介されている。しかし、『哲学大辞典』以上の説明は見あたらない。それでも「環象」は用例を見る限りでは現在の用法に近づいている。

大正期以降の用語「環境」の系譜

大正期以降、昭和に入って、1928年（昭和3年）の『大思想　エンサイクロペジア』（清揚社：非売品）では、「環境」の項目が登場して、次のように説明されている。

「環境　元来此語は生物の外圍にあって有機体に影響を及す一切の事情、条件、状態を意味する。此本来の意味は転用され我々の心的生活の条件を表す為に、又は芸術の歴史的説明をなす為に、物的環境、精神的環境、社会的環境といふが如く、広く外圍の影響的事情を意味する場合もある。[26]」

これまでの説明とほぼ重複するが、環境という用語の説明が、芸術、道徳、社会、生物など様々な方面へと拡大しているよく理解できる資料である。たとえば、1930年（昭和5年）の伊藤吉之助編輯『岩波　哲学小辞典』（岩波書店）では「外圍」に並んで用語「環境」が掲載された。「環境」は「芸術の発達、隆盛、衰退は生物現象に類する故に、生物学上の環境（外圍）の概念が往々芸術の史的現象の説明に応用される[27]」と説明されている。また、芸術に対する環境の影響を力説するフランスの批評家テーヌ（Hippolyte Adolphe Taine, 1828–1893）が紹介され、芸術の側面を強調している。

1948年に出版された甘粕石介らの『哲学小辭典』（霞書房）では、次のような記述もある。この記述がこの時代の環境に関する定義や意味を示す典型的なものである。

「生物及び人間に對し直接及び間接に變化と影響を與へる一切の外的與件を環境といふ。」

「環境を單なる外界と區別して、生活上の交渉面において把握してゐる。」

「なほ教育學においても教育環境學（Pädagogische Milieukunde）の發達を見てゐる點、環境概念の現在の社會科學、精神科學に占める位置は重大である。デューウィの哲學がおなじくプラグマティズムでありながらジェームズのそれと區別される點は環境概念をその哲學の裡に取入れた點にある。

十九世紀の環境論は二十世紀の環境理解において全く生面を一變した觀を與へつ、ある。[28]」

以上のような哲学辞典の検討で理解できるように、「環境」については、いくつかの同異義語が併存した。明治後期から大正にかけて用語「環境」が生まれ、昭和初期には定着した。しかし、その概念は体系だってはいなかった。

生物学と理科の教科書における環境の記述

環境教育の研究者ばかりではなく、生物学や理科教育に関心を寄せる研究者らも用語「環境」の由来に言及している。たとえば、日本環境教育学会の元会長であった生態学者の沼田眞は「環境と言う用語自身は明治時代から生物の教科書などで使用されてきた[29]」と指摘している。だが、その具体的な用例や事例に関して、その根拠付けを明確に示してはいない。[30] 小橋佐知子も理科における「天然物」や「自然」、「郷土」といった言葉に言及し、環境教育の発端は明治中期の理科教育であるという見解を示している。[31] そこで、哲学や教育学の立場だけではなく、生物学や生態学、理科教育といった分野の辞書類や教科書等も参照しておくことにしよう。

明治初期から、大学等をはじめとする学校で教科「生物」や「生物学」が教えられていたが、理科という教科が小学校の教育課程にはじめて登場したのは１８８６年（明治19年）の「小学校令」であり、小学校教則大綱（１８９１年）などにおいてその具体的内容が定められている。[32]

ところで、中学校の教科書で、１８８８年（明治21年）の武田安之助『新撰理科読本』（金港堂）、

1894年（明治27年）の文学社編『新定理科書』（文学社）、1901年（明治34年）の西郁貞『理科読本』（博文館）の三冊の明治中期の理科の教科書を参照したが、「環境」の文字は見当たらなかった。それらの教科書の特徴として、どの教科書も動植物の分類に多くの頁を割き、それぞれの説明を施しているだけである。「人工物」や「自然」、「天然」といった用語は随所にみられるとしても、「環境」を想起させる「境遇」や「外界」という用語も見あたらない[33]。

「環境」の用例

教科書の中でもっとも古い「環境」の用例をいくつか挙げておくとするならば、1908年（明治41年）の『蠶體生理学教科書』（明文堂）で、そこでの「蠶と環境」の項目である[34]。おそらくこの教科書は当時の農業関係の学校で使用されたものであり、限定的なものであろう。一般的な教科書ではないので、これが最も早いと断言することはできない。

ついで、1933年（昭和8年）の『中等生物通論教本』（三省堂）には、「遺伝と環境」という項目と説明がある。次に目にしたのは、1940年（昭和15年）東京開成館編『新青年理科教科書』（東京開成館）である。1910年から1933年の二十三年間に出版された「生物学」の教科書をはじめ旧制高校や大学で用いられた「生物」「博物」「物理」「化学」等においても、それぞれの教科書が多数出版されているので調査は完全にできない。だが、哲学上においても1920年ごろにようやく用語「環境」が登場してきたことを想起すれば、おそらく、沼田のいう「明治時代」の「生物の教科書」とは、大学か当時の旧制高等学校以上のやや高いレベルのものであるか、「明治時代」が明治末期のことを指していると推定される。

では、哲学や生物学の専門用語として使われるのではなく、「環境」はいつごろから一般的な用語で用いられたのであろうか。和辻哲郎（1889-1960）の『風土』[35]において、「環境」が登場していることを思い出しておこう。

1935年（昭和10年）8月に執筆された『風土』の「本文」の冒頭には、「この書の目ざすところは人間存在の構造契機としての風土性を明らかにすることである。だからここでは自然環境がいかに人間生活を規定するかということが問題なのではない。通例自然環境と考えられているものは、風土性を具体的地盤として、そこから対照的に解放されて来たものである」[36]という表現が見出せる。『風土』は1928年から1929年（昭和3年から昭和4年）にいたる和辻の講義の草案を基礎としたものであった。『風土』の第一章の「風土の基礎理論」のなかで、人間を取り巻いているある土地の気候や気象、地質、地形などのいわゆる自然環境としてではなく、古代の自然観を含む、和辻独特の用法としての「風土」という用語が用いられているので、すでにその時期に「環境」という用語が流通していたとも考えられる。他方、文学の領域においては、1930年に発表された一私小説の中で「環境」という用語が使用された[37]。つまり、小説で使われるなど、「環境」が一般市民にも通じるごく一般的な日常的用語となったのは昭和に入ってからである。

以上のような哲学辞典と理科や生物学の教科書の限定的状況から、用語「環境」は、明治時代後半において理解され始め、大正時代に至って現在の意味と用法での「環境」が使用され始めたと推定できる。その一般的な定着は昭和初期である。

第三節　日本における教育学上の用語「環境」の登場

教育学における「環境」概念の成立と発展

では、日本における教育学の発展史上において、最初に「環境」の概念や用語そのものを用いて、環境が論じられたのはいつごろであろうか。「環境」が翻訳語として導入されていることから、明治以降の教育学のテキストを探ることによって、環境と教育（学）が関係づけられた歴史をたどってみよう。

明治期以降の近代的教育学の導入にあたっては、周知の通り、伊沢修二（1875–1917）が、1882年（明治15年）に日本で最初に『教育学』（丸善商社書店）と題された書物を書き起こした。だが、師範学校の教科書としても用いられたこの『教育学』の中には環境に関する概念は看取できない。

その九年後の1891年（明治24年）に、当時高い評価を博した大瀬甚太郎（1865–1944）が著した『教育学』[38]には、「環境」概念が登場する。それは「環境」という用語ではなく、前節で紹介したような「外界」あるいは「外圍」という用語で述べられている。たとえば、大瀬の『教育学』の「(三)教育ノ限界」には、「教育の其の一方においては遺伝の特性により、他方に於いては外界の勢力により制限さるるものにして…[39]」とされている。

大瀬は、人間はその「外界」との関係において密接な関係を有しているので、教育も「外界」から大きな影響を受けるとしている。とはいえ、教育の可能性への留保として「外界」という用語を持ち出しているに過ぎない。以後、いくつかの『教育学』と題される書物で用語「遺伝」と並置される形で「環境」関連語が登場する。その背景には人間形成の要因として遺伝を重視すべきか環境を重視すべきかという点をめぐる論争がある。だが、環境が持ち出されるのは、遺伝説への完全な傾倒を防ぐための留保でしかない場合が多い。つまり、大瀬の「外界」に関する論述は、環境に関する積極的な教育的意義を発見する性質のものではなく、人間形成の要因が遺伝だけではないことを消極的に補完する論であった。

付け加えれば、この大瀬のいう「外界」のなかで扱われるのは、もっぱら「父母、朋友、教育者」などの人的環境ないしは人間的な環境であるにすぎなかった。それ以外の環境にはそれほど触れられてはいない。それでも、大瀬の『教育学』は明治以後の近代学校教育の出発以来、日本で環境のことを意識し、少なくとも記述した最初の文献である。

この「環境」の概念は、少しばかり広がりをみせる。大瀬はこの「外圍」や「外界」を人的環境といった限定的な意味で用いていたに過ぎなかった。だが、1893年（明治26年）に出版された、当時山口高等中学校教授で後に東京高等学校長となる湯原元一（1863–1931）訳補のヘルバルト派教育思想を紹介した『倫氏教育学』（金昌堂）では、所謂「自然」の語とほぼ用例を一にして「外圍」が使われている。つまり、「自然環境」を示す用語として「環境」が用いられている。

その後、1904年（明治37年）には、当時の東京高等師範学校教授小泉又一（1865–1916）編の『教育学』（大日本図書）で、「外圍」「外界」ばかりではなく「境遇」という用語が使用され、「境遇は人を教育するものなり」「未成熟者の境遇各異にして、之より受くる影響必ずしも教育の理想に適合せず」[40]といった表現が現われる。ここでは「境遇」を、ある個人の生まれ出た社会的生育的環境を含めて「境遇」と定義しており、その影響力の大きさについて述べている。小泉の場合は、「境遇」という用語で「生育環境」が示されていたのである。

この流れを整理すれば、順に、人的環境（大瀬）、自然環境（湯原）、生育環境（小泉）といった順序で、各々の要素が「環境」概念のなかに取り込まれていったと跡付けることができる。ただ、大瀬、湯原、小泉の論の流れが当時の教育学説の発展の中にも反映されていたのかどうか、また、教育実践にどれほどの実質的な影響を与えたのかどうかについては、後日を期さねばなるまい。

教育学史上の用語「環境」の登場をめぐって

現在の用語「環境」に通じる語が教育学の書物ではじめて登場したのはおそらく１９０６年（明治39年）、１６１８頁にも及ぶ『教育学書解説』（国光社）である。ここではじめて、ダーウィン（Charles Robert Darwin, 1809–1882）やヘッケル（Ernst Heinrich Haeckel, 1834–1919）、ヘルバルト（Johann Friedrich Herbart, 1776–1841）らを引き合いに出しながら、「環象に適応すること」の重要性が、遊戯や児童心理との関わりの中で取り上げられることになる。

大正時代に入ると盛んに「環境」概念が脚光を浴びるようになる。１９１５年（大正４年）、当時の早稲田大学教授の中島半次郎（1871–1926）の『人格的教育学とわが国の教育』（同文館）では「環境」ではなく「境遇」が使用されてはいるが、境遇に関するやや深い論述が確認できる。同年に出版された野田義夫（1874–1950）の『教育学概論』（同文館）でも、「教育の限界」の諸項目の一つとしてではあるが、「天然の環境」が大きく取り上げられ用語「環境」が出現する。たとえば、野田は、「天然の環境とは被教育者が生長するに方り、之を圍繞する自然界を言う」「天然は人を作ると言うが（中略）、天然の環境が人類に及ぼす影響の大なること（後略）[41]」という。

だが、この段階では用語「環境」は、それほど定着した用語ではなく、用語としては不統一であった。たとえば、谷本富（1867–1946）も、「境遇環境」という用語を用いて教育的環境の重要性を論じており、教育的環境という概念に言及している。また、谷本は１９２３年（大正12年）に、「遺伝とセットで「遺伝と境遇」という項目を『教育学大全』（同文館）に掲げている。その項目では、「教育そのものがすでに是れ一個の最有力なる境遇たり、環境的条件たることは誰人もよもや之を拒否するものはあるまじ[42]」と記載されている。

教育が一つの境遇、すなわち環境であって、それが人間形成に影響を与えることについては、なんら否定する根拠がないということを述べているように、この時期にはすでに環境が非常に大きな人間形成上の要因であることが明らかになっている。

また、篠原助市（1876–1957）も１９２６年（大正15年）の『教育学綱要』（寶文館）で「環象」という用語を用いていた。たとえば、篠原の生物学的見地から教育を見た場合の「生物学的教育学」の項目での記述では、「教育は之を個人をして己が属する物質的道徳的環象に最も完全に且、有効に順応せしむる条件を供する過程[43]」とされている。篠原はまた、己が属する「物質的道徳的環象」を離れては教育が成立しないことや、「環象」の力を利用することによって教育が行われることも述べている。谷本や篠原らの教育学者の環境観については詳細に検討できなかったが、このような記述だけをたどってみても、用語の定着に関しては、紆余曲折がありつつ定着していくことが分かる。

教育によって環境を「作り変える」という発想の登場

このような用語をめぐる混乱の中にあっても、現代の環境教育の発想にも通じているという点で非常に画期的といえるのは、教育のために「環境」を創造する思考法が現われたことである。1924年（大正13年）に、乙竹岩造（1875–1953）は、当時の「学術最新の進歩を取り入れた」と自負する師範学校の教育学の教科書で、「遺伝と調整」という項目を掲げ、人の発達は「遺伝の力」にのみ服従するのみならず、「自から環境を造りかえることによってその発達を遂げ、その生活を全うするものである」[44]としている。ここで乙竹は、学習者の力で環境を変更することができることを主張している。

また、乙竹の保育の目的論の部分では、「幼児の自然の活動を誘導して心身の自由な発達を遂げさせるために、その境遇を整理して、自ら感覚と運動を適当に練磨すべきである」[45]とも説いている。ここにおいて、日本の教育史上初めて、教育的な見地から、「環境」を作り変えることの可能性と必然性が発見されたと言ってよい。この書では「環境」と「境遇」の用語が併存してはいるが、環境を造りかえる可能性までを示したことは当時の画期的な進歩であった。

乙竹の思想のうちには、教育による環境への適応という考え方と、教育による様々な環境の構成と改造という考えがある。適応と変革という二つの理念がこうした時代に現れている。現在の環境教育においても、環境教育のために環境を整えるという方向性と、環境教育によって、環境問題を生み出した様々な社会環境や自然環境を変革する方向性がある。すでにこの時代に生きた乙竹がその嚆矢であった。

時おりしも19世紀初頭、欧米諸国での教育学上の大問題であった遺伝説と環境説の論争を経て、シュテルン（William Stern, 1871–1938）の輻輳説でこの論争に一応の終止符が打たれるまでの議論が、日本でも何度か取り上げられている。とりわけ、非常によく知られているゴッダード（Henry Herbert Goddard, 1866–1950）のカリカック家研究が1912年に発表されたことをうけ、衝撃的な事実として、「遺伝」の問題が以後の教育学の教科書に取り上げられることもあった。前述のように「環境」は遺伝のみを強調する教育論に対する留保として述べられているに過ぎなかったが、こうしたカリカック家研究の衝撃的事実に対する反目であるかのように、これ以後、「環境」そのものの重要性が本格的に論じられたり、単独の項目として「環境」に頁が割かれたりする傾向も現れた。環境を創造するという思想も登場した。

第四節　用語「環境教育」の登場

日本における用語「環境教育」の登場

では、「環境教育」という用語が登場したのはいつ頃のことであろうか。

1912年（明治45年）に慶応義塾幹事局の石田新太郎（1870–1927）の『天化人育』（北文館）が出されている。この著作は1924年（大正13年）に『環境と教育』（北文館）と改題された。改題までの期間はあるにしても、大正時代初期に、「環境」と教育の関係を正面から扱った最初の書物である。また、木下竹次（1872–1946）は、1923年（大正12年）に出版した『学習原論』で、環境とは「個人を圍繞している事物であって、各自の自己と交渉を有っている一切」であるとし「境遇」としてもよいといった定義を述べている。しかも「環境をはなれて人生はない」「人生は環境と終始するものである」[46]として、環境の重要性を説いている。さらに、1924年には『学習研究』（目黒書店）で「環境整理号」も出されている。これらも一種の環境教育論であるといえる。

その後、1931年（昭和6年）には、松永嘉一（生没年不詳）が『人間教育の最重点　環境教育論』（玉川学園出版部）を出版している。[47]この書が「環境」と「教育」とをこの順番で並列し、「環境教育」と題した最初の書物である。もとより、松永自身がその草稿が六年前に溯ると述べているので、1925年ごろに松永によって環境教育という用語が使われていた。松永は、「近頃初等教育界に環境教育なるものが盛に唱道されてきた」ことをあげ、当時の「環境教育が刺激主義に終始している」[48]ことを批判して、教育における環境論の重要性を説いている。このように、松永の著作は「教育的環境論」であって環境教育ではない。しかし、重要な潮流である。

以上のような教育学における用語「環境」と「環境教育」の発生期を経て、教育学においては1933年（昭和8年）から編纂され、1936年（昭和11年）に発行された『教育学辞典』（岩波書店）に、山下俊郎（1903–1982）が「環境」の項を設けている。ここにおいて明確に「環境」用語が定着したと見るべきであろう。

この時代の潮流として、1928年（昭和3年）から1931年（昭和6年）にかけて、倉橋惣三（1882–1955）が「子ども研究講座」に3回にわたって連載し、1931年にまとめた『幼児期の心理と教育』[49]にも触れておきたい。この書では、「環境」について「遊びが十分の自発性を発揮し得るために第一に必要なものは環境（クワンキョウ）である」[50]とし、環境には「場所的意義」と「心理的意義」があって、両者が共に重要なものであり、幼児のそばにいる親や家族といった「人的環境」も含まれるとしている。

倉橋は、生活の全体が広い教育的環境におかれているような幼児教育における環境の重要性を次の二点において強調している。第一に、「子どもの生活にいい手本」を与えること、第二に「子どもの生活を閉ざさずに開帳させていく」ことである。倉橋の「環境がいつとはなく子どもの知らぬ間に、いい教育をしてくれる」[51]という楽観的な教育観が示されており、環境による教育の可能性が広く認識されていたことについては間違いがない。言うまでもなく、フレーベル（Friedrich Wilhelm Augst Fröbel, 1782–1852）ばかりではなく、デューイ（John Dewey, 1859–1952）の影響をみることができる。このように、環境と教育の相互作用についての理論が昭和初期に日本に紹介され、環境の影響を認識するようになった。

日本における「教育的環境学」の登場

以上のように、教育における「環境」の重要性は、幼児教育の分野で強調されていた。しかし、幼児教育だけではなく、教育と環境の関連が着目されるなかで、この時代に隆盛した「教育的環境学」

の潮流を見落とすことはできない。「環境」に関する論議は、主として、当時の心理学や児童学と深い関係を持ちながら教育的環境学で行われることになる。そこで、環境教育と深い関係にある教育的環境学について検討しておくことにしよう。

教育的環境学は、細谷俊夫（1909–1970）、山下俊郎、正木正（1905–1959）らによって論じられた。細谷俊夫は、１９３２年（昭和7年）に当時の大学の卒業論文としてまとめた論文を『教育的環境學』（目黒書店）と題した書物として出版している。１９３７年（昭和12年）には、山下俊郎が、『教育的環境學』（岩波書店）という書物を著している。山下は、教育的環境学の最初の開拓者として忘れることのできないブーゼマン（Adolf Busemann, 1887–1968）の“Pädagogische Milieukunde”[52]に大いに影響を受けて、この『教育的環境学』を書いたのだが、以後、この書はブーゼマン自身の書と並んでその頃盛んに引用され、大きな影響を与えることになった。

同じく１９３７年には、正木正が、『教育』誌の第五巻第八号に「環境学の方法論」という論文を掲載している。そこでは、前述のような児童学や心理学との関連から、正木は「環境」が教育や人間理解において不可欠な重要な契機であると把握し、主として素質と「環境」に関する議論を行い、「人間理解と教育の根本的関心によって素質と環境の問題を探求していかねばならぬ[53]」としている。「教育的環境学」とは題されていないが、１９３９年（昭和14年）には城戸幡太郎（1893–1985）が『幼児教育論』のなかで、「児童の精神発達は、遺伝によって規定されるのみではなく、環境によって影響されることが極めて大であるということ[54]」を認めている。双生児の実験や、いわゆる「不良少年」の研究によって、教育における環境の重要性を十分に認識していたといえよう。

このような手短な紹介でも容易に理解できるように、環境について、教育学上の諸論議があったのは、大正デモクラシーから第二次世界大戦前の時代であった。当時「教育的環境学」や教育環境論、環境学、総じて、教育と環境に関する一大論議が巻き起こっていたのである。残念ながら、「教育的環境学」に関しては、その後のファシズムの嵐が吹き荒れる中で、徐々にその姿を消していく。大正デモクラシー期にその萌芽をみた研究は多いが、そのうちの多くの芽が戦争によって摘みとられてしまった。当時の「教育的環境学」もその一つに数えられるだろう。

ただし、この「環境教育」は今日的な新しいものでなかったということは、安藤聡彦が「1920年代から30年代にかけての教育再編期に、それはドイツ教育環境学派の用語の訳語として紹介された（中略）「自然の教育力」や「家庭の教育力」等に注目する教育理論として主張された[55]」と指摘されていることでも明らかである。教育再編期に教育環境学が紹介されたように、時代背景や教育の内容が異なるとはいえ、昨今の教育の再編期にも環境教育が大きな役割を果たすように期待されると受け止められる。

人間形成においては、遺伝的要素ばかりではなく環境の影響を多いに受けるということは、教育学の成立以来の古典的なテーマである。そして、必要なときには環境を作り変えようとしてきたこともまた事実である。その意味で、大正デモクラシー期の「教育的環境学」は非常に重要な現代的意義を有している。

用語 "environmental education" の登場

次に、国際的政治の場で成立し、現在本質的な意味でそれと認識されている、"environmental

education”に由来する環境教育についてみていくことにしよう。

英語圏ではじめて、“environmental education”という言葉が出されたのはいつであろうか。頻繁に引き合いに出されるように、ディッシンジャー（John F. Disinger：生没年不詳）によれば、終戦直後の１９４８年である。前述したように、ブーゼマンの教育的環境学は、戦時中にはその発展があまり見受けられなかったこと、そして、環境問題とともに現代的な意味での「環境教育」が歩み始めたこと、これ以前に溯る資料はないこと等から、この１９４８年を“environmental education”の発生年と見なすことができよう[56]。

ディッシンジャーは次のように説明している。すなわち、国際自然保護連合（International Union for the Conservation of Nature and Natural Resources）の設立総会の会場で、自然および自然資源保護の会合が行われ、当時ウェールズの自然保護委員会の副議長であったトーマス・プリチャード（Thomas Pritchard：生没年不詳）が、自然科学と社会科学を総合したものに対する教育的なアプローチの必要性を認め、それが“environmental education”と称しうるであろうことを示唆したとしている[57]。

これ以前に用語「環境教育」に関する言及や諸説があったかどうかは未調査である。だが、これ以前に遡って用語の起源を追うことは生産的ではない。たしかに、戦争も環境問題とみなすことができるので、反戦運動も環境教育や環境保護運動の一つであるとも考えられるし、第二次世界大戦以前にも環境教育の要素を含んだ教育は存在した。だが、現在の環境教育と直接関係する性質のものではなかった。そこで、１９４８年を用語「環境教育」のはじまりと考えたい。

ディッシンジャーはまた、１９５７年にマサチューセッツのオードゥボン協会（John James Audubon, 1785-1851）の会報で、ブレーナン（Brennan）なる人物が“environmental education”に関して述べたことを引用している[58]。アメリカでは１９６９年にすでに“The Journal of Environmental Education”の第一巻が出版され、そこでウィリアム・スタップ（William Stapp, 1929-2001）が環境教育について論じている。その後、１９７０年（立法化はその前年）には、10年間の時限立法とはいえ、アメリカ環境教育法（Environmental Education Acts）が施行され、確実に「環境教育」という語が根づくことになる。その後、国際的な動向を経て環境教育が成立した。

以上のような起源を持つ現代的な意味での“environmental education”が日本に紹介されたのは、１９７０年９月14日付の日本経済新聞の「本立て」の欄である。はじめて現代的な「地球環境問題解決のための教育」としての環境教育が紹介された。１９７０年11月に翻訳発行された『ニクソン大統領　公害教書[59]』では、「環境教育」という訳語が使われ、第12章に16頁にわたって、「環境教育」が論じられた。

１９７２年６月に開かれたストックホルム人間環境会議の最終報告の勧告第96項には“environmental education”が登場する。同年に環境庁長官官房国際課から『人間環境会議の記録』が出版されているが、そこではこの語は「環境に関する教育」と翻訳されている[60]。つまりこの語がすぐに環境教育と翻訳されたわけではない。それでも、同年には、大内正夫が「環境教育」という用語を用いており[61]、理科教育の分野で小金井正巳も「環境教育」という用語を用いている[62]。１９７６年には、社会科教育の分野で榊原康男が「環境教育の基本的性格と人類史的意義[63]」と題した論文で、「環境教育」という語を用いている。１９７８年には、「環境教育研究（environmental education research）」と題された雑誌の第1号が刊行された。してみれば、１９７２年から１９７８年には、用語「環境教育」が現代的な意味で用いられたと考えられる。

第五節　用語「環境」「環境教育」の概念理解

環境は外面ばかりではなく内面とも関連する

すでにみたように、日本における用語「環境」の系譜を深く問い直せば、人間の外側の世界ばかりではなく人間という主体の内的な環境とも不可分につながっていることが明らかになった。「環」という境を作り堀や砦をめぐらせるとき、堀の内部に田んぼを作ったという意味も示唆的である。環境は、本来は外延という意味であるが、人間の内側へと越境する。人格形成や社会的性格の形成、道徳教育の問題とも環境教育がかかわる。つまり、環境教育は人間性の教育の課題であると考察できる。

なお、環境をどう定義するかについては慎重に議論を尽くさなければならないが、シンプルに言えば、環境とは「人間が創りだした身の回りの世界」のことである。だが、それは単に物理的にそこに存立するのではない。環境とは、思想や哲学、生きかたの原理、社会の存立機制と不可分な世界である。人間が自らの価値観と行動によって意図的積極的に創りあげた生活世界が環境なのであって、それは地球や原生自然と言った意味での自然とは異なる。環境とは、人間が労働の結果や消費の目的として整備したり台無しにしたりした結果としての世界――つまり、環境問題が顕在化した事態も含む世界のことである。

上記の「人間が創りだした身の回りの世界」という意味において、環境とは、次のようなものも含む。すなわち、①科学技術とそれに伴う近代文明、技術の行使によって獲得した人間にとって都合のよい人為的ないしは人工的な自然の姿、②近代文明を築き上げる途上で生起した地域的規模と地球規模の両方の意味での環境問題、③その環境問題に不可分に結びついている開発、貧困、食糧、安全保障、平和、人権、ジェンダーなどの問題、ならびに、④そのような近代社会で生きる人間の幸福観や人生観といった観念、経済発展が幸福で善いことであるというイデオロギー、そして、⑤限定的な意味での経済発展の「持続可能性」問題や人類と人口の生態学的な維持可能性問題など、ありとあらゆる要素や諸価値、社会問題を含んでいる。したがって、環境に関する問題を解決するという場合、人間が創り出したこれら多面的で深い社会問題を解決することと密接にかかわっている。

それゆえに、環境教育とは環境問題だけを解決するための教育という狭い意味解釈にとどまるわけにはいかない。仮に環境問題を解決することを目的とする教育目的論で第一義的に環境教育を定義づけたとしても、環境問題だけを解決する狭義の環境教育は存在しえない。すべての社会問題は人間が創りだしたという理由でつながっているのだから、環境問題を狭い領域のみに押しこめておくことはできないのである。逆に言えば、ひろく現代産業社会の内在的問題をラディカルに解決しなければ、環境問題は解決しない。環境教育という領域を確立した時点で、すでに、環境教育は人間が創り出した多くの社会問題と通底する問題を総合的に解決する宿命を帯びていたと把握すべきである。

環境教育とは包括的な教育概念である

用語「環境」の語源をたどるなかでみたように、船の方向を定めるという舵とりの意味があること、つまり人間形成と社会形成に関してその舵とりをするという意味がある点は示唆に富む。教育環境を整えるという場合、子どもがただ単に生物学的な意味で「生きる」だけではなくよりよく「生活」できること、そして、より善く「生きる」ことができるように配慮しなくてはならない。

他方で、環境教育が、"environ"する教育であると理解されれば、「一回りして元に戻る」という日本語の意味から、循環型社会の在りかたを示唆しているとも理解される。環境教育は循環型社会あるいは定常型社会を目指す教育であり、エコロジカルにみて維持可能な社会と文化へ向けての教育であるとも解釈できる。

さらに、これまでの系譜を検討するなかで、環境教育は、教育的環境論とも不可分な関係を持つことが確認できた。子どもが育つための教育環境を整備するという点において、環境教育は教育環境とも表裏一体である。しかも、安寧で健康的で豊かな社会環境、人的環境、自然環境、教育環境を積極的に形成すること、つまり改変することを目指すのであり、この点では通底する。

ところで、原子栄一郎は、環境教育は「ただの教育」ではなくて「environmental な教育」であり、この"environmental"という形容詞には、環境問題を解決するという意味だけではなくより深い意味があると主張して(64)、次のように述べる。

「環境教育という言葉は、たんに問題解決の手段としての教育をさすだけでなく、それ以前には何の接頭辞もなしに education、教育と呼ばれてきた事象に対して、根本的な異議申し立てを表明したものではないだろうか。環境教育が異議を唱えた教育は一言で言うならば、18世紀末以後に西欧諸国を中心にして起こった産業革命によって工業化・産業化が振興し、経済・社会のみならず人々の生活様式にまで機械化・機構化と合理化・能率化をもたらした『近代化』を支えてきた教育である[65]。」

原子が述べているように、近代化と産業化を支えてきた「industrial な教育」を「environmental な教育」に対置して考察すれば、環境教育はこれまで支配的であった社会的なパラダイムを変革するという目的を有していると言える。以上のように、人間形成と社会の方向性を決定し、従来の支配的なパラダイムを再考するという点で、環境教育とは包括的な教育概念であると言えるだろう。

すべての教育が環境教育である／環境教育はすべての教育である

人類という種の内部での共存と、人類と地球上の他の種の動植物との共存のための新たな知が、今日ほど求められている時代はない。国民国家という枠や種の枠を超えて、地球社会のレベルにおいて緊密にお互いが結びつきあう時代となり、まさに、「すべてを巻き込む」と同時に生き延びるために「方向を転換する」必然性が語られている。教育学は様々な形で環境と人間形成の関係を主題化してきた。その広凡で深い意味の含みが、地球環境問題を加えることによってさらに飛躍的に大きく膨らんでいる。アメリカの環境教育研究者オアー（David Orr, 1944－）は「すべての教育は環境教育である[66]」と言うが、正鵠を射ている。環境教育があらゆる教育現場で実践できるという意味ばかりではなく、あらゆる教育はすべて環境教育の要素を含むと理解できるからである。

「方向を転換する」点についても一言しておこう。ドイツ語で環境教育を示す用語としては、“Umwelterziehung”と“Umweltbildung”の両者が用いられる。後者を用いるなら、規範的な意味合いで、環境による人間形成という意味合いが強く訴えられる。この場合、環境を保全することを主たる目的として子どもの成長発達を希求することのみならず、人格形成を課題にすることに通じている。また、環境教育「学」と「学」を付して考えるならば、それは“Umweltpädagogik”として把握される。つまりは、“Pädagogik”と同様に、環境教育学はある価値的方向性や規範性をもつものとなる。このとき、「すべての教育学が環境教育学である」と言える可能性がある。この点については本書の全体を通じて検討していきたい。

要約しよう。環境教育学は二つの意味を持つ。

第一に、環境教育学は環境と教育の学であり、かつての教育的環境学を包摂するものである。よりよい教育環境を整えなければならないという立脚点に立つ。教育的環境論を環境教育と表裏一体のものとしてとらえ、学習者、教育者、教育内容、教育における価値的な方向性を教育学の立脚地点から捉え返すならば、環境を整えることに参画すること、すなわち、集団的な意思決定の一部として、現在の世代に十分な環境を整えることも環境教育の一部になる。

第二に、環境教育学は教育学である。変革の視点にも立脚している。そしてなによりも重要なことは、子どもを導く術として価値的な方向づけを含む学理論であるという点である。

環境教育学を教育学から論じるためには、語義や由来を見るばかりでなく、もう少し広い視点が必要である。そのことについては次章以降で省察していきたい。

第二章　黎明期の環境教育成立史に関する教育学的考察

第一節　国際社会における環境教育の成立と発展

環境教育の成立史を振り返る意義

日本における環境教育の歴史の先行研究は多くはない。たしかに、古典的な環境教育史研究として1985年に出版された福島要一の『環境教育の理論と実践』[1]や1992年に出された佐島群巳編の『地球化時代の環境教育1　環境問題と環境教育』[2]、1993年の福島達男の『環境教育の成立と発展』[3]などが挙げられる。序章で触れたように2016年に市川智史は『日本環境教育小史』[4]で歴史を詳細に検討している。

歴史的研究がすくないのは、昨今、環境科学の発達による環境問題の解明が進むとともに、環境をめぐる国内外の政治・経済・社会の動きが、それ以前に比べて格段に速くなったためである。そのため、時宜に応じた先進的な教育実践活動についての検討が優先されてきたからであろう。また、歴史も浅いことから、論争点は少なく、環境教育史研究は着手されにくい。

しかしながら、環境教育学の構築のためには、過去の環境教育の成り立ちを踏まえて、その本質を理解しておかなければならない。そこで、本章では、黎明期における環境教育の成立史を概観してその特徴を素描する。他方、あらためて環境教育の定義や目的、目標を確認し、史実のなかに環境教育の教育学的な意味を再発見したい。

環境教育の出発点としての「ストックホルム国連人間環境会議」

環境教育の出発点について概観する際、1970年のアメリカ環境教育法（Environmental Education Act）が想起される。最も早期に立法化されたアメリカという国家の公式文書であることに加え、環境教育の定義が明確に示されているという理由から頻繁に紹介される。[5] だが、これは国内法であったため、ここでは出発点とみなさない。

本書では、現代的な意味での環境教育の歴史の出発点を、1972年のストックホルム会議におく。環境教育は国際政治の場で生み出された環境問題解決のための教育とみなす立場にたつからである。なお、それ以前にも「既存型」ともいうべき「環境教育」が存在したことは第九章で検討することにして、まずは「理念先行型」ともいえる環境教育の成立史を紐解いてみよう。

環境教育は、地球環境問題への国際的取り組みから生まれた教育である。その最初の契機は地球環境問題の発生である。1950年代頃から発生した地域的な環境問題と公害問題、および、1960年頃から認識される地球環境問題の発生である。そうした社会問題の解決を教育の社会的機能に求めようとする教育の構想が練られてきた。現代の学校教育は、国家国民教育の育成を基幹として制度的に発展し、現実的に産業社会に労働者と消費者を提供してきた歴史をもっているが、それとは異なる。

さて、現代的な意味での環境教育が登場したとみなす最初の国際的な動向は、1972年6月5日から16日まで「かけがえのない地球（Only One Earth）」を守るために開催されたスウェーデンでの「ストックホルム国連人間環境会議」とその「人間環境宣言 "Declaration of the United Nations Conference on the Human Environment"」（ストックホルム宣言とも訳される）である。すでに、1968年にはこの会議の開催が提唱され準備委員会が設けられていたが、奇しくもローマクラブの『成長の限界』[6]が出版された1972年に、世界114ヶ国が参集し、1300人以上が参加した2週間の会議が、まさに地球と人類のために行われたことは特筆すべきことである。偶然にも1972年は地球環境をめぐる様々な出来事が連続して起こっている。1972年は、環境という意味においては非常にエポックメイキングな年でもあった。それ以降、1974年世界人口会議や1977年の国連水会議など、国際的な問題、あるいは、「グローバル（global）」な社会問題について、主として国連が主催する会議等が頻繁に開かれるようになったからである[7]。

しかし、1972年以降すぐに、こうした国際的な社会問題を解決するため、国際社会が意見や態度の一致をみたわけではない。たとえば、環境教育の推進については、「開発途上国は、『環境教育という銘をつけて、樹を切るな、国土を開発するな、工業化をするなという考えを人々に植えつけて、開発途上国をいつまでも後開発国のままにしておくための陰謀であり、先進国側にとって都合のよい考えを開発途上国民にもたせるための教育を押しつけているのではないか。』と反発した[8]」としている。

たしかに、ストックホルム会議では、先進国である北側の国々と、開発途上国である南側の国々の間で激しい意見の対立の構図が見られた。それでも、「人間環境宣言」が採択され、環境教育の必要性が位置づけられた。また、ストックホルム会議での日本の貢献もみられる。(9)

「ベオグラード憲章」以降の国際会議

この国連の会議を受ける形で、1975年にユーゴスラビアのベオグラードで開催された初の国際環境教育専門家会議である「国際環境教育ワークショップ（The International Workshop on Environmental Education）」と、そこで採択された「ベオグラード憲章（The Beograd Charter–Global Framework for Environmental Education）」、そして、1977年に旧ソビエト社会主義共和国連邦のグルジア共和国のトビリシで開催された「環境教育政府間会議（Intergovernmental Conference on Environmental Education）」と「トビリシ宣言」が一連の重要な環境教育関連会議であった。1972年、1975年、1977年と矢継ぎ早に出された環境教育関連の「宣言」や「憲章」は、現在の環境教育にも非常に大きな影響を与えている。

その後、1982年のケニアのナイロビでの「国連環境計画管理理事会特別会合（別称ナイロビ会議）」とその「ナイロビ宣言」、1992年にブラジルのリオ・デ・ジャネイロで開かれた「環境と開発に関する国連会議（United Nations conference on Environment and Development）」、およびその際に採択された「環境と開発に関するリオ宣言（Rio Declaration）」と「アジェンダ21（Agenda 21）」などが、これに続く環境教育にとって重要な国際的動向である。約170ヶ国が参加した「環境と開発に関する国連会議」は別称「地球サミット」とも呼ばれる。国際（international）という冠のかわりに「地球（earth）」という冠が登場したことに、大きなパラダイム変換のきざしが見える。

さらに、1997年12月に、ユネスコとギリシャ政府が共同で開催した「環境と社会：持続可能性に向けた教育とパブリック・アウェアネス国際会議（International Conference on Environment and Society : Education and Public Awareness for Sustainability」（通称テサロニキ会議）が行われ「テサロニキ宣言（Declaration of Thessaloniki）」が出されている。

以上、見てきたように、ストックホルム人間環境宣言（1972）、ベオグラード憲章（1975）、トビリシ宣言（1977）、ナイロビ宣言（1982）、「リオ宣言」（1992）、テサロニキ宣言（1997）、そして「ヨハネスブルク地球サミット：Johannesburg Summit 2002 : the World Summit on Sustainable Development」（2002）[10]が、黎明期の国際的な環境教育の潮流を把握する上での不可欠の要素である。このように、環境教育は国際会議等を中心に議論されたことから、環境教育が国家の枠組みをこえる地球規模の教育であることが理解できる。

第二節　環境教育の特徴——国際性・市民性・計画性・行動実践志向性

環境教育の「国際性」

環境教育の特徴である国際性・市民性・計画性・行動実践志向性を確認しておこう。

第一に、環境教育が国際的な教育戦略の中で産み出されたという事実を最重要視しなければならない。環境教育の歴史を追うことは、同時に国連関係の会議を追うことでもあることから明らかなように、環境教育は、国家の枠組みを越えた場所で成立した。その流れとは、大まかにいえば、1972年のストックホルム、1982年のナイロビ、1992年のリオ、2002年のヨハネスブルクの順で、10年おきに開催されている国連の会議の流れである。

ここで、国際会議の意義を簡単に概観しておこう。ストックホルム会議は、世界で最初に国連が開催した大規模な国際的な会議として、地球環境問題に警鐘を打ち鳴らした有名な会議であったことにその意義がある。ナイロビ会議は、ストックホルム後の10周年を記念して開かれたのだが、それは「国連環境計画（the United Nations Environment Programme：UNEP）」の管理特別理事会という性質のものであり、ストックホルム会議後10年間の回顧と展望を伴い、新たな出発点を築こうとする会議であった。そこでは「計画性」という点で新たな意義が付け加えられている。ナイロビ会議は、ストックホルム宣言後の環境問題の検討やその重要性の確認をするにとどまり、さほど斬新な点は見られないが、計画性は注目すべきであろう。テサロニキ会議では、後述するように「持続可能性」概念への傾倒が見受けられる。

残念ながら、国際会議等で出された宣言や憲章には、強力な法的拘束力や罰則規定はない。学習指導要領もない。換言すれば、前記のような会議の場で提示された環境教育理念を実現するのは、一つの国の教育行政でもありうるし、地域や学校といった諸団体、または教師や両親といった個々人である。国際的な宣言類が出されていることばかりに目を奪われがちだが、環境教育を実践するためには、個々の教師や市民が自発的にこうした意欲を汲み取って実体化していかねばならない。すなわち、環境教育の定義や目的、目標、指導原理が紹介されても、実際にはそれを具現化する現実的な作業が必要である。

環境教育は、国際的な市民を育てるための企てでもある。実際に国境を越えたプログラムやカリキュラム作りが行われたり、ユネスコや各種の団体が環境教育のプログラムを出したり、教師用のモジュールを出したりしている。日本でも、かなりのマニュアル本や授業実践が報告されているし、国境を越えて教育者ばかりか市民も連帯する契機を環境教育が与えているといえる。[11] つまり、環境教育は国際的な刺激を受けて成立したが、それは単なる契機である。授業内容や方法については、当初は手がかりが少なく、公害教育や自然（保護）教育に携わる個々の教師たちや市民の努力にまつことになったのである。

環境教育の「市民性」

第二の特徴は、NGOとNPOをはじめとする多くの民間団体や一般市民が、自発的にしかも極めて情熱的にこうした国連の流れに何らかの形で参加してきた事実である。

ナイロビ会議後10年間で、環境をめぐる状況はドラスティックに変化した。ストックホルムでの参加国が114ヶ国であったのに対し、リオでは170ヶ国以上が何らかの形で参加した。ほとんどの国家がこの会議に参加したことも驚くべきことではある。だが、それ以上に特筆すべきことは、リオでは、政府機関の会議ばかりではなくNGOやNPOをはじめとするあらゆる民間団体が参加しはじめ、非政府組織の交流や協同という動向が非常に活発になった点である[12]。国際会議で環境教育の必要性が謳われたとき、リオに集まった市民や環境教育を推進しようとする人々には、教育者的なある情熱が入り込んでいたとみていいだろう。その情熱は、未来の開拓者としての教師の資質に由来するものである。

20世紀のドイツ精神科学的教育学を代表するリット（Theordor Litt, 1880-1962）は、かつて教育者が「未来の代理者として、未来に期待される形態の開拓者として、未来のもつ可能性や未来に負わされている課題の解釈者として、ただ拱手傍観していることがあろうか[13]」と述べた。リットが言うように、教育者には未来を先取し来たらんとする未来世代へ価値あるものを伝えようとする力強い衝動がある。この情熱は教育者だけの衝動ではない。リオに集った市民たちも、「未来の代理者」として教育者として、未来世代へ働きかけようとしていたのであり、そこでは教育者―市民の境界の崩壊と相互の「越境」がある。未来の形成者を導く強い情熱が環境教育には入り込んでいる。

リットばかりではない。彼とほぼ同時代を生きたもう一人の精神科学的教育学の巨頭であるシュプランガー（Eduard Spranger, 1882-1963）も、教育とは人に代わってあらかじめ未来を捉えることであるという[14]。つまり、こうした市民たちには、他の誰にも先駆けて、自分たちで責任を負って未来を構築しようとする意志があった。

シュプランガーは、教育には「期待する必然」「計画する意欲」「責任ある当為」が主要な可能性としてあることも示している[15]。これら「期待」「計画」「当為」の三つの主要な可能性が、こうした環境教育に関する市民的動向にも存在する。まさに、現世代ばかりではなく未来世代にも「期待」し、環境教育を「計画」し、そして環境を守るためにしなければならないこと、すなわち「当為」を語ろうとしていたのである。国際的な会議に出席した各国の代表者のみならず、市民もまさにこうした教育に関する先取の精神をもっていた。

しかも、シュプランガーは、技術的・経済的精神が倫理を圧し潰し、たましいの失せた組織化の精神が内容豊かな人間生活と愛の力を奪い去ってしまったことを指摘し、「まだ遅すぎないとしたら、内からの根本的変化が必要であろう」[16]と指摘している。こうしたシュプランガーの指摘は、1950年になされたものであり、環境問題を意識してではなく、当時の家庭や社会、人間形成に向けられたものであった。だが、この指摘は現在にも環境教育にも生きている。シュプランガーの指摘を踏まえれば、環境問題を解決するには、単に科学技術や社会システムを改変するだけでは不十分で、「内からの根本的変化」、すなわち、生き方を変革しなければならないのである。

環境教育の「計画性」

第三に確認しておきたいのは、シュプランガーが重視していた「計画性」が環境教育の最大の特徴である点である。環境教育に関して冷静に今後の計画を練る機関も開設された。ストックホルム勧告第96項にあるように、環境教育を推進するための計画策定とその計画母体の必要性から、1973年には環境問題を専門に扱う国連機関である「国連環境計画（UNEP）」が、1975年には「国際環境教育計画（The International Environmental Education Programme : IEEP）」が発足した。この点で、環境教育は、現在の学校教育同様に極めて意図的計画的な教育である。

環境教育には、環境問題を契機として必要とされるようになった学習のカリキュラムやプログラムを、人間形成の過程に計画的に導入することによって、人間形成の方向性を変化させ、いわゆる「環境にやさしい」人間が形成できるという機械論的な人間観が入り込んでいる。このように意図的計画的な教育活動として環境教育が位置づけられたことは環境教育の最大の特徴である。しかしながら、人間形成における計画性と、環境保全における計画性のどちらにも注意を払うべき点がある。環境を計画的に利用・活用しようとしても、人間は何らかの偶然的な、しかも大きな自然の影響を受けるからである。この点については後述する。

環境教育の「行動実践志向性」

最後に第四の特徴として確認しておきたいのは、国連の一連の会議では「行動指針（agenda）」が提示され、環境教育はますます「実践志向的＝行動主義的」な色彩を帯びることになったことである。「環境のために」行動するという側面が強調され、市民の行動が重要であることが広く認識されたのである。ただし、ひとりひとりの行動を促そうとすることに傾倒して、環境教育が環境問題の解決のための「道具（tool）」にすぎないという狭い意味での道具的環境教育観だけに立脚すれば、人間形成としての環境教育の豊かな鉱脈を掘り起こせずに終わってしまう点には十分留意しておこう。

「ベオグラード憲章」と「トビリシ宣言」は、環境教育概念を形成するきわめて大切な文書である。環境教育の定義・目的・方法などが、教育の専門家によって具体的な形で出されているからである。環境教育の定義や教育目的、目標は、評価すべき内容である。だが、残念ながら、非常に理念的で抽象的な教育概念である。抽象性を排除し、具体的実践可能なレベルで教育としての内実を豊かにしていくには、理念を現実化する教育実践を蓄積する作業と、既存の教育の中に環境教育的要素を発見して理論化するという作業が同時平行で必要である。

環境教育の理念を考察するにあたって、もう一つの重要な概念は、詳しくは第七章で検討する「持続可能な発展（開発）（Sustainable Development）」である。それは、１９８０年に、ＵＮＥＰ、「世界野生生物基金（World Wide Found for Nature：WWF）」、国際自然保護連合（IUCN）が共同で報告した『世界環境保護戦略』で示され、以後この概念が浸透してきた。この考え方は、１９８７年の「環境と開発に関する世界委員会（UN World Commission on Environment and Development：WCED）」（別称：ブルントラント委員会）の報告書『われら共有の未来（Our Common Future）』[17]で結実した。リオ宣言でも、「持続可能な発展」の概念は非常に重要な位置を占めるようになった。なぜなら、産業社会における環境問題を解決するためには、現在の社会で支配的となっているパラダイムに向かって、異なった選択肢を出したり、ある種のスローガンを出したりしなければならないからであり、「持続可能な発展」や「持続可能性」という用語は、それを流通させることで、あらたなオールタナティブな選択肢があることを示唆して人々を鼓舞するものだったからである。

このような理念を中心に人為的な成立過程を経て成立した環境教育は、従来各国で自然発生的に起こってきた教育実践に由来する既存の体験活動を中心とした教育とはやや性格が異なる。しかしながら、そのねらいには十分共通性がある。人類が環境問題を目の当たりにしていかに生きるべきかを教育の問題として正面から取り上げようとしているからである。

第三節　日本における現代的環境教育前史――公害教育と自然保護教育

日本における環境教育の源流――自然保護教育と公害教育

地球環境問題や国際政治的な動向から影響を受ける以前に成立し発展していた日本における環境教育の原点ともいえる教育実践がある。代表的なものが公害教育と自然保護教育である。本書では、前記の1972年以前にすでに成立していたと考えられる環境教育の色彩の濃い教育である自然保護教育と公害教育などを「既存型環境教育」、それ以後の環境教育を「理念型環境教育」と分類する。

「既存型環境教育」の一つが公害教育である。東京都立の公立中高等学校の元教員で地歴科を担当していた福島達男は、環境教育が公害教育に始まったことを一貫して力説する。「公害教育から環境教育へ」という時代の流れの認識を強調しようとする福島は、詳細に環境・公害史を振り返ることによって、環境教育が公害教育を原点にしていることを跡付ける。[18] 長年小学校の教員をつとめ、福島と同様に社会科教育での環境教育をやや重視する佐島群巳もまた、「わが国の環境教育は、公害防止の対処療法的教育から始められた[19]」と断言している。1966年ごろから「公害と教育」研究集会に参加し公害授業実践の現場へ足を運んでいた藤岡貞彦も同様に、「わが国において、環境学習は環境破壊に抵抗する教育、すなわち公害教育として出発した。それは、1960年代半ばのことであった[20]」と述懐している。藤岡の主張の中には、公害教育の実践の歴史と価値を無視されたくないという思いがにじんでいる。

環境教育が公害教育を原点とする説には枚挙にいとまがない。実際、環境教育が公害教育から出発したという主張をする一派には、かなりの教育的実践の累積がある。たとえば、小中学校を中心とする「公害と教育研究会」の発足や1978年の「環境教育研究」の発行などは、非常によく紹介される。

ところが、これとは全く正反対の立場をとる陣営がある。生態学を中心領域として自然保護の立場にたつ沼田眞は「わが国の環境教育はふつう公害教育から始まったといわれているが、それより前をたどってみると、自然保護教育の形でスタートしたことが分かる[21]」として、尾瀬が原の自然保護問題を契機に日本自然保護協会が発足したことなどを挙げ、環境教育が「公害教育」にその原点を有するといった論に対抗している。

しかも、沼田は当時の国際生物科学連合の会長フェグリ博士の言葉を引用することによって、「日本の学校教育での環境教育が公害教育から始まったのは不幸な出発であった」と断じでいる[22]。沼田の主張のなかには、環境教育の源流は学校外で行われていた自然保護教育であって、学校における公害教育から環境教育が始まってしまったことが残念でならないという思いがにじみ出ている。同時に、公害教育が人間による環境破壊の一面を扱っているに過ぎず、自然教育こそが環境教育のベースであるという主張も垣間見える。

中山和彦の説明によれば、環境教育という言葉を用いようとする際に、「この言葉を使用することについて、『公害教育として定着してきているのに、環境教育という言葉を導入して公害の現実から目を背けさせようとしている』との強い批判」を宇井純から受けたことを述懐している[23]。自然保護教育や野外教育は現代にまで引き継がれ、その用語が通用している。ところが、時に、公害教育はすでに歴史的なものになってしまったかような理解がなされる場合がある。しかしそうではない。公害教育も重要な環境教育のひとつであることに間違いない。

一方では、小橋佐知子の指摘にあるように、現在の環境学習の原型は明治中期の郷土学習に溯ることができ、大正時代のドイツの郷土科（Heimatserziehung）を経て、第二次世界大戦前の環境学習にまで続くので、環境教育の二つの柱が社会認識と自然認識であって、理科教育と社会科教育に環境教育の歴史的な由来が求められるという論もある。[24] たしかに、ドイツで18世紀ごろから発達し、郷土を理解し愛することを教えようとした郷土学習や郷土科は、1920年ごろに日本の大正デモクラシー期の教育に影響を与えた。[25]

以上のように、環境教育の原点に関しては公害教育原点説と自然保護教育原点説、郷土科説があると言えるだろう。[26] どれもが重要な「既存型環境教育」として高く評価できる。だが、どれかひとつだけがルーツであるといった議論は不毛である。[27] もちろん、この公害教育と自然保護教育との対立は、国際的な動向によって成立した環境教育が広まるにつれて終息しつつある。とりわけ、環境教育学会が1990年に結成されたことをはじめとして、1991年の文部省『環境教育指導資料』[28] の作成、1993年の環境基本法の成立等、本来的な環境教育の発展により昇華されつつある。

現時点から、過去の論争を振り返れば、公害教育が、社会批判と文化批判というラディカルな立場を取っていたのに対して、自然保護教育が、自然との触れ合いを重視しており、社会批判という視点をそれほど多くは含んでいないという立場の違いから起こったように考えられる。公害教育はラディカルな社会変革をも視野に入れるという意味で「情熱的な環境教育」の側面を有していたにもかかわらず、自然保護教育は社会システムへの批判をさほど含んでいなかったという意味で「慎み深い環境教育」であったことが両者の対立の根本にあるのだろう。このように理解すれば、公害教育原点説と自然保護教育原点説の背後には実は環境教育の本質にかかわる深い問題が包含されているともいえよう。

第四節　環境教育の定義・目的・目標

以上のような歴史的経緯を経て環境教育が成立して発展してきたわけであるが、環境教育の代表的な定義を見ておくことで、環境教育の意味理解を深めてみたい。すでに見たように、１９７０年代の環境教育会議等で、環境教育の定義や教育目的は明らかになっている。こうした歴史的な文献における環境教育の定義や目的、目標をみていくことにしよう。

ストックホルム環境会議における環境教育の定義

まず、１９７２年のストックホルム国連人間環境会議勧告第96項の認識を確認しておこう。

我々は歴史の転回点に到達した。今や我々は世界中で、環境への影響に一層に思慮深い注意を払いながら、行動をしなければならない。無知、無関心であるならば、我々は、我々の生命と福祉が依存する地球上の環境に対し、重大かつ取り返しのつかない害を与えることになる。逆に、十分な知識と懸命な行動をもってするならば、我々は我々自身と子孫のため、人類に必要と希望に添った環境で、よりよい生活（a better life）を達成することができる。環境の質の向上とよい生活（good life）の創造のための展望は広く開けている。今必要なのは、熱烈ではあるが冷静な精神と、強烈ではあるが秩序だった作業である。(29)（傍線は筆者）

上記の人間環境宣言では、「よい生活」「よりよい生活」を達成しなければならないと述べられているが、それは物質的に豊かな、今以上の生活水準を達成することではないだろう。ここで、"good life" とは、足るに値するほどほどの生活ではないだろうか。この中身の検討が不十分であるため、様々な問題が生じている。

勧告の「第Ⅳ分野　環境問題の教育、情報、社会及び文化的側面」には次の記述がある。

事務総長、国連の諸機関とくにＵＮＥＳＣＯ及び関連諸機関に対し、相互協議の上、次に述べる国際的な計画を樹立するため必要な対策を立てることを勧告する。対象となるのは環境に関する教育（environmental education）であり、あらゆるレベルの教育機関及び直接には、一般大衆とくに農村漁村および都市の一般青少年および成人に対するもので、環境を守るため各自が行う身近な簡単な手段について教育することを目的とし、各分野を総合したアプローチによる教育である。（傍線は筆者）

ここでは明確に行動変容が求められている。だが、環境を守るための簡単な手段とは何かは明らかにされていない。簡単だと言い切るのは、計画が実行できるという予測かもしれないが、そこには難しい問題が横たわっている。簡単な手段について教育することだけが環境教育ではない。しかも、目的―目標―手段―方法のシェマで人間を制作可能であると見なす合理主義が垣間見える。この出発点に大いなる誤謬が潜んでいるとも考えられる。

ベオグラード憲章における環境教育の目的と目標

次に、1975年のベオグラード憲章での環境教育の専門家たちの目的と目標をみていくことにしよう。「環境の目的（Environmental Goal）」は「人間と自然、人と人との関係を含む全ての生態学的な諸関係を改善（improve）すること」であるとされた。(30)「改善」するというのであれば何らかの価値づけが必要であり、その目標と手段も示されなくてはならない。

しかも、その目的の「前提となる目標」として、第一に「環境全体を考慮する立場から、各国が自国の文化にしたがって、「生活（生命）の質（quality of life）」や「人間の幸福（human happiness）」のような基本的な概念の意味を明確化すること。そしてそれを明確にする際には、各国はその結果が、国境を越えて、他の国の文化の正しい認識へと拡張されることを念頭におきつつ、これを行うこと。」が求められ、第二に、「どのような活動が人間の可能性（human potential）を永続的に保護し、かつ向上させ得るのか、そして、どのような活動が生物―物理的環境と人工的環境との調和のなかで、社会的・個人的な福利を発展させ得るのかを明確化すること」が求められている。

キーワードになる「生活の質」と「人間の幸福」の内実は、実のところまだ明確にされていない。

しかしここに、環境教育における人間形成の方向性や価値論の必要性ならば十分に看取できる。環境教育はその出発点から人間の内面にまで深く踏み込んだ目標が立てられているのである。そしてそれらを明確にすることなしに環境教育は成立し得ないということも予見されている。

続いて、「環境教育の目的（Environmental Education Goal）」が、「世界の全住民が環境とそれにかかわる問題に気づき関心をもつとともに、当面する問題の解決や新たな問題が起きることを未然に防止するために、個人および集団として必要な知識（knowledge）・技能（skills）・態度（attitudes）・意志（motivations）・積極的な関心（commitment）を身につけること」として示される。やや具体的にしかも包括的で整理された形で教育目的が示されるのである。なお、ベオグラード憲章においては、環境教育の目標が六つ掲げられる。それは以下のようなものである。

1. 関心・認識（awareness）個人および社会集団が、環境全体とそれに関連する諸問題に対する認識と感受性を持つようにすること。
2. 知識（knowledge）個人および集団が、環境全体とそれに関連する諸問題およびそこでの人類の存在や役割が、極めて責任あるものであるものにすること。
3. 態度（attitudes）個人および社会集団が、社会的価値観や環境への強い関心、および環境の保護や改善に積極的に参加しようという意欲を持つようにすること。
4. 技能（skills）個人および社会集団が、環境問題を解決する技能を持つようにすること。
5. 評価能力（evaluation ability）個人および社会集団が、生態、政治、経済、社会、美学、および教育の観点から、環境への対策や教育プログラムを評価できるようにすること。

6．関与（participation）個人および社会集団が、環境問題を解決する適切な行動を間違いなくとれるよう、環境に対する責任感や緊迫性を育てるようにすること。

前記の目標においては、環境問題の解決と未然防止が目的に明確に盛り込まれ、知識・技能・意欲・積極的な関心といった、環境教育の目標とする人間として備えなければならない資質の分類が示されている。環境教育におけるプロセスも示唆され、人間形成への契機がいくつかの要素から組み立て可能であるという人間観も垣間見える。

日本代表としてこの会議に参加した中山和彦の説明によれば、ベオグラード会議は、環境教育の専門家が相互交流し、概念・理念等を整理するための研究会であり、憲章といったものの作成は、当初予定されていなかった作業であったという。しかし、議論のなかで、環境教育に関する共通理解を文書に残そうとした結果できたものがベオグラード憲章であった[31]。当初予定していなかった憲章を作成した専門家たちの中に、もともと教育学者としての強い規範性があったはずである。その規範性が6つの目標に入り込んだ。したがって、環境教育には極めて明確な目的と方向性が与えられている。しかし、一見するときちんと整理された教育目標や分野、内容があるように見えるが、内容を確定するのはそれほど簡単な作業ではない。

トビリシ宣言における環境教育の目的と目標

次にトビリシ会議についても検討しておくことにしよう。トビリシの環境教育政府間会議勧告では、環境教育の目的は以下の通りに示される。[32]

環境教育の目的

(a) 都市や田舎における経済的、社会的、政治的、生態学的な相互依存関係に対する関心や明確な意識を促進すること。

(b) すべての人々に、環境の保護と改善に必要な知識、価値、態度、実行力、技能を獲得する機会を与えること。

(c) 個人、集団、社会全体の環境に対する新しい行動パターンを創出すること。(傍線は筆者)

関心や意識を促進し、環境改善のための実行力を獲得し、そして、新しい行動パターンを作り出すこととあるように、持続可能な社会における人間とその社会の行動変容を求めていることがわかる。続いて、ベオグラード憲章と同様に、非常によく引き合いに出される環境教育の目標のカテゴリーも一瞥しておきたい。それは次のような五つのカテゴリーである。

環境教育の目標のカテゴリー

1. 関心：社会集団や個人を援助して、総体としての環境とそれにかかわる問題に対する関心や感受性を獲得すること。

2. 知識：社会集団や個人を援助して、環境とそれにかかわる問題について、多様な経験をし、基本的な理解を獲得すること。

3．態度：社会集団や個人を援助して、環境に関する価値観や思いやり、そして環境の保護と改善に積極的に参加する意欲を獲得すること。

4．技能：社会集団や個人を援助して、環境問題の明確化と解決に必要な技能を習得すること。

5．参加：社会集団や個人に対して、環境問題の解決に向けたあらゆるレベルでの活動に、積極的に関与する機会を与えること。

トビリシでは、評価能力の項目が削除されたが、それは、トビリシの5の項目の中に発展的に集約されていると考えられる。トビリシはベオグラードの継承であって、それほど新しい概念は出てはいない。しかし、前述したように「新しい行動パターンを創出すること」という踏み込んだ表現がなされ、新たな選択肢の可能性を模索しつつあった。

重要な点は、こうした5領域が分断されておらず、それどころか逆に重層的であり、システムとしての総体を成している点である。教育学者らが作り上げた理念先行の概念である以上、やむを得ないのであるが、それぞれが具体的にどのような教育実践活動であるのかといったところを明確にし、その内容をこの5領域に即して類別しながら、逆に総合的なかかわりを発見するといった作業でようやくこうした文書は意味を持つ。

日本における環境教育の定義と目的をめぐって

では、環境教育は日本でどのように定義され、どのような内容をもつものと把握されてきたのであろうか。2007年に国立教育政策研究所教育課程研究センターが新たに『環境教育指導資料（小学校編）』を作成するまでは、環境教育の定義としては、1991年の文部省の『環境教育指導資料』にある次の部分が非常に多用されていた。

環境教育とは「環境や環境問題に関心・知識をもち、人間活動と環境とのかかわりについての総合的な理解と認識の上にたって、環境の保全に配慮した望ましい働き掛けのできる技能や思考力、判断力を身に付け、よりよい環境の創造活動に主体的に参加し環境への責任ある行動がとれる態度を育成する[33]」教育である。

この定義は国際的な文書を踏まえたものである。環境教育関係論文のなかでは頻繁に引用されてきた。環境や環境問題に関心と知識を持ち、思考力と判断力を身につけ、より良い環境の創造のために行動できる人間を育てるのが環境教育であるという内容は、バランスもとれており、理解しやすい。だが一方で、「望ましい働き掛け」の内実や「よりよい環境」の実態については論じられておらず、どのような「主体性」を育てるのかは論じられてこなかった。この定義では人間形成の方向性が見えてこない。つまり、どういった立場で環境教育という名のもとに人間形成を推進するのかについては、根本的な合意がなされていないということでもある。

こうした定義の土台となっているのは環境教育に関する国際的な文書である。1988年の『環境教育懇談会報告』では、「環境教育とは、人間と環境とのかかわりについて理解と認識を深め、責任ある行動がとれるよう国民の学習を推進することである。すなわち、国民ひとりひとりが環境と環境問題に関心・知識を持ち、人間活動と環境とのかかわりについて理解し、環境への配慮を欠いた人間の活動は環境の悪化をもたらすという認識を深め、生活環境の保全や自然保護に配慮した行動を心がけるとともに、より良い環境の創造活動や自然とのふれあいに主体的に参加し、健全で恵み豊かな環境を国民の共有の資産として次の世代に引き継ぐことができるよう国民の学習を推進することである。」とされている。(34)

前述の二つの定義は、『指導資料』や『報告』であり学習指導要領ではない。当時の教育内容のもとで、どの程度環境教育が実践可能かという点での参考資料や提案であり、積極的に踏み込んで環境教育を規定しているものではない。

次に、『環境教育指導資料（中学校・高等学校編1991、小学校編1992）』では、環境教育の目的をまとめている。そして『環境教育指導資料』の「環境教育の基本的な考え方」という項目のなかでの環境教育の目的に関しては、次のように述べられている。

(1) 環境教育の目的は、環境問題に関心をもち、環境に対する人間の責任と役割を理解し、環境保全に参加する態度及び環境問題解決のための能力を育成することにあると考えられるので、環境教育は家庭、学校、地域それぞれにおいて行わなければならない。

環境教育の目的が、「環境問題解決のための能力を育成すること」とされているように、教育目的論が明確に示されるためにはどのような教育的価値を環境教育において重要視するかという問題がたちどころに浮上するのである。

また、それに続いて、次のようにも述べられている。定義や、目的・目標とは直接関係がない部分もあるが、環境教育の広がりを確認するには手掛かりになるため見ておくことにしよう。

(2) 環境教育は、幼児から高齢者までのあらゆる年齢層に対してそれぞれの段階に応じて体系的に行われなければならない。(後略)

(3) 環境教育は、知識の習得だけにとどまらず、技能の習得や態度の育成をも目指すものであり、科学に根ざした総合的、相互関連的なアプローチが必要である。さらに生涯学習として、学校教育と家庭教育、社会教育の連携の中で継続して展開されなければならない。

(5) 環境教育は、地域の実態に対応した課題からの取組みが重要である。(中略)"Think Globally, Act Locally" すなわち「地球規模で考え、足元から行動する」ことが現在求められているのである。

1993年には『環境基本法』が制定され、環境教育の必要性が改めて確認された。環境基本法第25条(環境の保全に関する教育、学習等)では、「国は、環境の保全に関する教育および学習の振興ならびに環境の保全に関する広報活動の充実により事業者および国民が環境の保全についての理解を深めるとともにこれらの者の環境の保全に関する活動を行う意欲が増進されるようにするため必要な措置を講ずるものとする」(傍線は筆者)とされた。「必要な措置」とはどのようなものかを論じ続ける必要がある。

以上を踏まえて言えば、日本の環境教育においては、子どもたちが、豊かな自然や身近な地域社会の中での体験を通して、自然に対する豊かな感受性や環境に対する関心を培う「環境のなかで学ぶ（in）」こと、そして、環境や自然と人間とのかかわり、および環境問題と社会経済システムのかかわりについて理解を深めるなど「環境について学ぶ（about）」こと、環境保全に役立つ行動を実践する態度を身につける「環境のために学ぶ（for）」という視点が重要としてまとめられる。

他方、環境問題は学際的な広がりを持った問題であるため、学校において環境教育を進めていくに当たっても、各教科、道徳、特別活動などの連携・協力を図り、学校全体の教育活動を通して取り組んでいくことが重要であることがわかる。

黎明期の成立史からみた環境教育の特徴

以上のような検討から、本書では、環境教育とは、「環境の保護・保全のために、関心・知識・態度などを変化させ、新しい行動パターンを作り出し、現在の地球環境問題の解決と将来の環境問題の発生を未然に防止するとともに、人間と環境とのあるべき関係を作り上げていく教育」であるとしておこう。

また、環境教育には以下の三つの特徴があることが確認できた。

第一に、環境教育は意図的計画的な人工的につくられた教育の概念である。

第二に、環境教育には市民や専門家たちの教育への熱情が入りこんでいる。

第三に、環境教育は行動主義的である。

環境教育は、あたかも人造言語エスペラントのように、理想的に環境問題を解決する行動を動機づける教育として生まれてきた。経済的発展の代わりに持続可能性をある種の教育的価値とした地球市民教育である。特徴の一つは計画性である。目的を実現するための手段である教育を合理的に組み立て、直線的な時間の中でそれを実現するという工場の製作ライン的な人間形成の方向づけがある。そして、環境問題の解決に関しては、人間の深層にある存在様式や隠されたイデオロギーとの関係で、より深いレベルの変革を意図しなければならないことは随所で認識されていると看取できる。

日本においては、「〇〇問題」という社会問題を解決するための「〇〇教育」――たとえば、開発教育や自然体験教育、自然保護教育、公害教育、国際理解教育、人権教育、平和教育、消費者教育、市民性教育、持続可能性教育、もちろん、ESD、EfSなど――は、それぞれの学問的基盤と目的、歴史と特徴を有しており独自性を持っている。それぞれが「〇〇問題」の解決を目指す。

ただし、環境教育は、本来的にそれらの「〇〇教育」よりも大きな「風呂敷概念」である。なぜなら環境という用語を広く把握し、環境問題の広がりを踏まえれば、人間や資源、自然を含む世界に存在するものすべてを経済的な目的のために役立つ手段（道具）とみなし、あくなき資源開発と利用、および技術開発を通じて、利便性と合理性を追い求める現代社会がはらむ問題は、丸ごとすべて、人間の生き方の哲学と行為の結果の問題、すなわち環境問題と通底しているからである。

そのため、すべての教育活動を環境教育とみなせるという意味で、環境教育は「風呂敷」であると言える。「風呂敷」で覆ってしまえば、逆説的だが特殊化された環境教育は消失してしまうかもしれない。このように、環境教育とはどこからどこまでなのかという境界線を引くことは容易ではない。繰り返すが、すべての教育は環境教育であるということは表現を変えれば、環境教育は「風呂敷概念」であるということになる。したがって、近代学校教育学の対極に環境教育学があるのではなく、その一部として、あるいは包み込むかたちで、しかも、それを超えた部分を含んで環境教育学を位置づけなければなるまい。

第三章　環境問題史に関する基本的考察

第一節　環境問題の起源をめぐって

地球環境問題を理解する基礎学力育成のために環境教育が必要である

本章の課題は、教育学の立場から、先行研究を手掛かりに環境問題と地球環境問題の歴史を概観することである。環境問題史の検討が環境教育の教育内容に生かされることを企図しつつ、環境問題の起源の検討や環境問題史の歴史的区分、対応策の歴史、地球環境問題の特徴を検討したい。もとより、厳密な意味で科学（science）ではない教育学的なアプローチを基盤とする本書においては、環境問題に関して科学的実証的にアプローチし、それぞれのデータを検証することは不可能である。その限界は十分自覚しつつ考察を進めたい。

環境問題は予想もしない広がりと深淵を見せる。環境問題の存在を全体的に認識することや一つ一つの事象の詳細を知ろうとすればするほど、環境問題は複雑で奥深く、それだけに不透明できわめて曖昧な様相を呈する。自分の手持ちの知識や過去の経験に照らし合わせて、ある環境関連情報を正しいと「判断」することは難しい。まして、自分自身の主観的な「判断」を理性的合理的なものであると確信することは困難である。

環境危機を認識する際には、一つ間違えばあやふやな情報や判断、推論であると指摘されかねない事例がいくつもある。地球環境問題には様々な科学的データや情報の分析があり、それらの複雑さが実証主義的アプローチを拒んでいる。しかも、それらの情報は日々刻々と変化する。現存する環境問題を認知するメカニズムも複雑であるが、未来予測となるとより一層困難を極める。環境科学の驚嘆すべき発展によって新たな深刻な地球環境問題が発見されることもある。すでに発見された地球環境問題の因果関係について新たな事実が発見され、そのメカニズムがさらに複雑化する。

科学者ではない一般の人々が環境問題を日常的に感覚的に知覚することはなかなか難しい。理科や社会、数学などの教科教育を学んだり、批判的思考を訓練したりして長い年月にわたる学校での学習を積んだうえでやっと理解できるものである。言い換えるならば、環境問題とは、意図的かつ計画的な学校教育のカリキュラムを通して学んだ人間が、その高度な理解力と想像力を行使し、冷静に理性的に分析する努力を続けなければ、正確に認識し、自分自身の問題として引きうけられない問題である。

そのため、環境教育の原初的な存在意義は、地球環境問題の理解のための基礎学力の育成のためとして位置付けられる。言い換えれば、環境問題がどのようなものであるかを理解する教育の過程が必要である。そのうえで、過去の人間の環境問題を理解し、現在の状況に関する様々な推論をすることが必要である。この点を踏まえて環境問題の起源について概観しておこう。

環境問題はいつから始まったか――人類史起源説

環境教育を論じる出発点として、環境問題の歴史と構造をごく簡単に押さえておこう。以下では、環境問題と地球環境問題の歴史を、①1800年以前の環境汚染と環境破壊の問題、②1800年ごろから1960年ごろまでの地域的な環境問題（公害問題）、③1960年以降の環境問題と地球環境問題（群）という三つの時代区分に分けて考察する。

それというのも環境問題の歴史区分をするとなれば、まずは、地域的な環境問題だけではなく地球規模の環境問題が現れた時期であるからである。まず、熊本の水俣病を境目として、1950年から1960年ごろにかけて、地域的な環境問題が表面化した。次に、その直後から地球環境問題がより大きな問題となった。1960年以前の地域的な環境問題（公害）の区分は、18世紀から19世紀頃（1760年~1830年頃）の産業革命以前と以後――日本においては、1870年代以前と以後――に分けられる。

以下では、①1800年以前の環境問題と②それ以降の地域的な環境問題を本節で検討し、三節で③地球環境問題について検討する。

さて、環境教育について教育学的アプローチをする際には、環境史の出発点を見定めておく必要がある。環境問題の起源とその歴史を検討する課題は、人間と自然あるいは環境との関係を再考する契機を与えるからである。また、人間と環境問題の起源から現在に至るまでの歴史を考察すること自体が環境教育の教育内容ともなるからである。

では、環境問題はいつ頃から始まったのであろうか。実は、この問いに答えるのはそれほど容易ではない。環境問題史に関しては、最近何十年かの間に急速に成長してきた環境史（environmental history）[1]や生態史（ecological history）といった分野、並びに環境学、環境社会学、環境倫理学、生態学や歴史学、環境保全学など、多種多彩な分野で検討されており、毎年膨大な数の環境問題に関連文献が出されている。そうした論は量的にも膨大だが、非常に多彩で精緻な歴史的検証がなされているため、それら全てを比較検討して環境問題の起源を完全に定めるという作業は本書の手に余る。しかし、その起源をある程度遡ってみよう。

環境問題を定義し分析しようとする論者たちの多くは、はるか昔までその歴史的潮流を振り返り、様々な時点に環境問題の発生点を定める。人間社会の発展の歴史が、人間と人間を取り巻く厳しい自然環境との相互作用や葛藤の歴史であったことを踏まえれば、人間が自らに都合のよい環境を整えるべく、自然環境に改変を加えようと「立ち向かった時」が環境問題のはじまりなのかもしれない。アーノルド（David Arnold, 1946–）は、自然に対する人間の支配や破壊者、ないしは自然に対する人間の植民地化行為という意識で人間と環境との歴史を振り返れば、最も長いものでは、環境問題が人類史と同じぐらい長い歴史を有していることを指摘する。[2] 人類がいつ登場したのかという議論は残るが、環境の物理的破壊者としての人間という意味でなら、他の動植物同様に環境との関連の歴史はその種としての生命の起源にまで遡る。

別の視点から言えば、子どもの養育に少しでもよりよい環境を整えようとする親が出現したとき、すなわち人類が出現した時点で、人間と環境との歴史である環境史が始まったともいえよう。そのため、環境問題史は人類史と共にあるという環境問題史＝人類史起源説ともいえる論を立てることができる。環境教育は、自然と人類、自然と文明が折り合いをつけて調和的に共存する方法をさぐるという根源的な問題にも通底している。

環境問題史の起源としての定住

次に定住という観点から見てみよう。

人類が、不可逆的な化学的変化を加えることなしに、自然界にある物質からなる道具だけを物理的に用いることによって、人類の単純再生産に必要な程度に狩猟活動や採集活動を行っていた時代――おおよそ3万5000年前から1万年前までといわれているが――には、人類が環境に与える影響は全く問題視されるようなものではなく、むしろ自然の循環のなかに包摂されるようなごくわずかな程度であっただろう。

極端な例だが、人類の文化発達の最も初期の石器時代に、自然物である石を道具として加工したことを自然の破壊であると咎める人はいないはずである。あるいは、自然の循環のシステムのなかで再生が可能な範囲内で資源を利用する場合に、その再生率を超えずに利用することは大きな問題ではない。ある物質を排出するときも、環境の吸収力を超えない場合は、環境の破壊はおこっていなかったとみるべきだろう。[3]

人間は、環境の破壊が自らの生存を危うくすることを本能によって悟っていたと考えられる。縄張りをもつ動物がその範囲内のえさを食い尽くさないようにするのと同様に、採取・狩猟の時代の人類は、食料を食いつくし環境を破壊して人間自身の身を危険にさらすほどの深刻な環境問題を引き起こすことを回避していたのだろう。

公衆衛生が専門でヒューマンエコロジー運動に力をそそいだアメリカのアイゼンバッド（Merril Eisenbud,1915–1997）は、社会が工業化される以前の環境問題をいち早くから研究していた研究者の一人で、環境史研究者の先駆けである。彼は、記録のある歴史時代がおおよそ３０００年しかないので推測の域をでないとしながらも、「初期の人間の狩猟によって限られた地域の大型動物が絶滅することもあったかもしれない」[4]としている。アイゼンバッドの指摘によれば、およそ1万年前の新石器時代までにも、人間が引き起こした環境の変化があったかもしれないが、それは特定地域に限定された変化として捉えられるようなもので、大きな影響を与えるものではなかった。

アイゼンバッドは、地域差はあるにせよおおよそ1万年前から７０００年前にかけて、人間が食用植物を栽培し、牛などの家畜を飼育するようになって定住生活をはじめた新石器時代に、「環境の変化」が現れたとしている。アイゼンバッドによれば、最初の環境汚染の大きな源泉は洞窟内で使われる燃焼生成物であったに違いないという。この事実を裏付けるのは、たとえば、古代エジプトのミイラの肺の中にたくさんの炭素が含まれていたことである。したがって、家屋内で火を使った場合に汚染された空気に曝露される状況や[5]、料理と食料の保存、照明のために木を燃やすことが始まったことで[6]、人間自身の基礎代謝以上の余分なエネルギーを使い始めたこと、ひいては、そうした燃焼生成物で環境汚染が始まったと見るならば、遊牧生活などの非定住生活から定住生活への変化が最初の環境問題を生み出したといえる。また、アイゼンバッドは、古代ローマ人の水汚染の問題や伝染病の問題も環境の変化による問題であると考えている[7]。それらはすべて定住に伴う問題である。

定住生活における燃焼生成物による原始的な家屋内の環境汚染と、基礎代謝以上の余分なエネルギーの使用という二つの視点からみれば、環境問題の歴史は定住に端を発するほど古い。以上のことを踏まえていえば、1万年前の定住生活、つまり、人間にとって生活環境が激しく変化した最初の段階あたりが環境問題の端緒であると考察できる。

環境問題史の起源としての農耕・文明・都市化・宗教

人類史や定住生活、余剰エネルギーの獲得という区分は、場所や時代によってあいまいな区分であるが、メソポタミア、中国、イランなどで農耕が始まり文明が発生した時代を、環境問題の発端とみなすとなると、環境問題史に関する議論はやや本質的な色彩を帯びてくる。

農耕文明の発生の段階では、環境への影響は、現在の農耕活動とは比較にならないほど少ないにせよ、それ以前に比べればやや大きくなった。人間が放浪する採集・狩猟を中心とした生活をやめて定住したとたん、環境の変化が現れたことを指摘している論は非常に多い。たとえば、先に見たアイゼンバッドは、古代の四大文明発祥の時代、中国やメソポタミアの土地の荒廃問題といった、古代文明での環境問題が存在したことを取り上げ、さらに古代ギリシャ文明のずっと以前にもヤギの飼養が行われて砂漠化が起こったり、土壌浸食が起こったりしていることを指摘している[8]。すなわち、およそ1万年前に狩猟と採集の生活をやめ、農耕と牧畜を伴う定住生活に移ったときに、人類が本格的に環境に影響を与え始め、それが現在まで継続していると考えられる。

一方、世界的な規模でおこった長い環境問題の通史を著したマコーミック（John McCormick, 1954–）は、「環境の濫用には、文明史と同じくらい長い歴史がある[9]」とし、約3700年前に農業生産のための灌漑農地に塩類が集積することがあったことと、排水の不備で湿害を及ぼしていた地域のことを指摘している。また2400年前に、プラトン（Platon, 前428-348）が、過剰放牧と燃料材伐採によるアッティカ丘陵の森林破壊と土壌浸食を嘆いていたことを引き合いに出している。[10]紀元前1世紀のローマでの農作、メソポタミアの灌漑システム、人口増加のマヤ文明、ビザンチン帝国、なども例に挙げられるが、それらを「初期の警告」[11]とみなし、産業革命のずっと前から始まる環境問題史をひとまとまりのものと把握している。こうした地球環境運動の歴史によれば、環境問題の発生期を文明史の始まりと同時と捉えることができる。

アーノルドは、古代の農耕文明や文明社会の出現と同時に環境問題が存在していたと考えているが、紀元前430年のアテネの「悪疫」、「天然痘」や「ペスト」の流行で、当時4人に1人がなくなったとされる疫病も環境史で紹介しており、それが今日的な環境問題の一つであるかもしれないと指摘している。彼はまた、過去2000年間でのヨーロッパにおける「最大の環境の危機（crisis of environment）」が、1346年から1351年にかけて流行した黒死病であり、この期間に2000万人の人々が消え去ったと述べている。[12]このように、地震、洪水、火山の噴火、天候の異変などの自然災害とは違って、こうした疫病の流行は、人間の文化が作り上げたシステム――とりわけ都市文明――により蔓延したことを考えれば、14世紀の「疫病」の流行も環境問題の走りともいえるのかもしれない。都市化とともに伝染病というかたちで環境問題が起こったことを視野に入れておく点は非常に興味深い。

ところで、マルサス（Thomas Robert Malthus, 1766-1834）は1798年に『人口論』[13]で、農業生産の増加の割合が算術級的であるのに対し、人口増加の割合が幾何級的であることを指摘して、食料を十分に供給できない可能性がある不幸な世界を描写した。人口増加に伴わない食料生産によって、飢饉や戦争などの紛争が起こると指摘しているが、これも環境問題の一種であり、人口増加という点も環境問題史のなかに加えられる。農耕文明が環境問題の発生地点ともいえるだろう。

宗教が環境問題の発生の起源であるという論もある。よく引き合いに出されているのが、技術史家リン・ホワイト・ジュニア（Lynn White, Jr., 1907–1987）の「私たちの生態系危機の歴史的起源」である。そこでは、地球環境問題や環境問題の一因が、人間の環境行動にあり、それが人間自身の本性と運命についての信念、つまりは、「宗教」ないしはユダヤ－キリスト教にあるのだとしている。[14] たしかに、創世記の「ふえ、かつ増して地に満ちよ。また土地を従えよ。海の魚と天の鳥と、地に動くすべての生き物を支配『radah』せよ。[15]」という他の動植物に対する支配を促すユダヤ－キリスト教の側面が環境問題にあるとすれば、キリスト教と同程度の長さの歴史が環境問題にもあることになる。ホワイトが指摘することを踏まえて推測すれば、宗教と環境問題の発生が同時期であるか、根源的に同じところにそのルーツを有しているということになる。

環境問題史の起源としての産業革命と資本主義社会

次に産業革命以降の環境問題についてみていこう。

昨今の環境問題を論じる研究者の大部分は、主として19世紀の産業革命以降、欧米諸国で環境問題が発生したとするものが大多数である。資本主義を軸とした近代社会が発展するにつれて、人間にとって致命的な物理的生物学的な環境危機それ自体が生み出された。

まず、「環境社会学」を手掛かりにして、産業革命期以降の環境問題の歴史をさかのぼってみよう。飯島伸子によれば、「環境社会学は、対象領域としては、人間社会が物理的生物的化学的環境に与える諸作用と、その結果としてそれらの環境が人間社会に対して放つ反作用が人間社会に及ぼす諸影響などの、自然環境と人間社会の相互関係を、その社会的側面に注目して、実証的かつ理論的に研究する学問分野[16]」である。飯島によれば、環境と人間社会の関係を社会学的に研究しようとした研究集団の足取りが日本において最も早く確認でき、それが1950年代に遡ることができること[17]、しかも日本の戦後復興期の1950年ごろから[18]、環境と人間とのかかわりを研究する学問が始まったことが挙げられている。

飯島は、世界の環境問題史の時期区分を第Ⅰ期から第Ⅵ期までに分類しているが、その最初の第Ⅰ期は、18世紀以前であって、産業革命以前の時期に都市化がすすんで、イギリスのロンドンで家庭用の暖房用石炭燃焼に起因する煤煙問題といった都市化に伴う生活環境問題が存在したとする[19]。煤煙問題も燃焼生成物による環境汚染であると理解できるので、アイゼンバッドの指摘も加味していえば、環境問題前史がこの第Ⅰ期にあたる。

このように、近代資本主義社会と近代的な国民国家の形成が行われはじめた時代から、世界各地で次々と地域的な環境問題がおこるようになった。1800年代のイギリスでは産業革命以降の煙害が有名であるし、周知のとおり日本でも1877年ごろから、渡良瀬川流域の足尾銅山鉱毒事件などの環境問題が続発した。現代的な意味での環境問題の発生の原点は、19世紀の近代資本主義社会成立後であるとすることができる。この場合、資本主義社会における人々の快楽主義的志向や産業宗教をある種の宗教と見なすならば、宗教性と環境問題は密接に結びついていると考えられる。

以上のように、環境問題の発生と歴史が、人類史、定住、農耕、文明化、都市化、宗教、産業革命、資本主義社会など様々な要素とともに語られていることを概観した。環境問題が「定住―農耕―産業化―宗教化」という一連の人類の発展と関係づけられるため、環境史といった教育内容も環境教育の一部に入り込む。つまり、人間と環境に関する環境史を学ぶことも、環境教育の重要な課題となる。具体的にいえば、世界史や日本史などの歴史教育や地理教育、中学校の社会科の公民や、高等学校社会科の「現代社会」「倫理」「政治・経済」などでも取り上げられる蓋然性がある。

第二節　地球環境問題の発生と初期の対策

地球環境問題の発見とその歴史

本節では、環境問題（environmental issues）について考察を深め、地球環境問題（global scale environmental problems）と従来の地域的な環境問題との相違を浮き彫りにしていきたい。なお、ここまで環境問題という用語を規定せずに用いてきたが、いわゆる地域的な環境問題（公害問題）とは、一般に、比較的狭い範囲に被害が及ぶか、被害者が限られている環境問題である、大気汚染、水質汚濁、土壌汚染、地盤沈下、騒音、振動、悪臭、生物の汚染、廃棄物などである。

環境問題は、19世紀以後に発生した不可逆的な①環境破壊（environmental disruption）と、自然のなかでの生態系の循環を根底から破壊するような②環境汚染（environmental pollution）、総合的な意味での人間が生活する③環境の悪化と劣化（environmental deterioration）を含んでいる。しかも現世代の人間ばかりではなく未来世代の人間がそれらの三つの環境問題に侵されず、健康かつ安全に生活する環境権（environmental right）を侵害する要素を含んでいる。

地球環境問題に警鐘を鳴らした最初の書物であるカーソン（Rachel Carson, 1907-1964）の『沈黙の春』[20]は、「エコロジー」に関する運動と思想に大きな影響を与えた。この書は、農薬使用に関する告発本であり、そのショッキングな内容から当時激しい批判にも晒された。というのも、地球に生命が誕生して以来、生命と環境とは互いに影響を与えながら命の歴史を織りなしてきたが、たいていは環境のほうが勝ってきた。しかし、この書では、あらゆる動植物のうちで人間という種だけがわずかの時間のあいだに科学技術というおそるべき力を手に入れて、環境ばかりではなく自然や生命の営みそのものも支配しようとしている姿が描写されたからである。

カーソンの著作は、農薬使用という点で被害地域が限定的であった。では、地球規模の環境問題を人々が認識するようになったのはいつ頃のことだろうか。おそらくそれは19世紀後半であろう。たとえば、1852年にはすでに、英国の科学者が降水の酸性化を最初に発見したという指摘があるし、[21] 19世紀末から今世紀初頭に、スウェーデンとアメリカの科学者らが、大気中の二酸化炭素の増加によって地球が暖まっているのではないかと予測し、「温室効果ガス」の存在に気づき始めたという説がある。[22] これについては論拠が曖昧なので明言は不可能だが、一般には1958年以降、アメリカのキーリング（Charles David Keeling, 1928-2005）らによって、ハワイのマウナロア観測所と南極で二酸化炭素の濃度の変化が定期的に観測されてきた。[23]

地球温暖化と並んで代表的とも言える地球環境問題の一つであるオゾン層の破壊を最初に発見した時期とその人物となると、多くの論争があり性急に結論は出せない。だが、１９７４年にアメリカのモリナとローランドが、フロンによりオゾン層が破壊されるという報告を出し、彼らが後にノーベル賞を受賞している。このこと一つをとってみても、おおむね１９６０年代後半から１９７０年頃に地球環境問題が認識されたと推測できる。[24]複数の国を流れる国際河川の水質汚濁は国境を超えていたことを踏まえるなら、正確には決められないとしても、１９６０年のなかごろには科学者によって発見されたといって差し支えないだろう。

地球環境問題の対策はいつからはじまったか

地球環境問題の対策はいつごろから始まったのであろうか。対策の歴史を概観しておこう。

酸性雨の対策は、１９７２年ごろから、ＥＵや北米、アジアなどで数ヶ国の国家間の取り組みはあるが、酸性雨やその原因となる大気汚染を防止するための全世界的取り組みはまだ着手されていないとみるべきだろう。[25]ただし、酸性雨対策ではないにせよ、１９６０年代後半から大都市で深刻化した光化学スモッグの対策として、アメリカでは自動車の排気ガス規制をするための法律として有名な、いわゆるマスキー法（Clean Air Act of 1970）が出されており、この法律は環境行政のターニングポイントともなった。こうした法律などにより、徐々に地球環境問題に対する対策がたてられるが、国境を越える全世界的な酸性雨への対策となると、１９９０年代にはいってからのこととなる。

フロンガスによるオゾン層破壊のメカニズムは１９７４年に科学者らが解明した。そのオゾン層の破壊を防止する対策としては、1985年に採択され1988年に発効した「オゾン層保護のためのウィーン条約（Vienna Convention for the Protection of the Ozon Layer）」と、この枠組み条約を受けてオゾン層破壊物質の具体的規制を実施するために1987年に採択され、1989年に発効した「オゾン層を破壊する物質に関するモントリオール議定書（Montreal Protocol on Substances that Deplete the Ozon Layer）」が出された。こうした条約を受けて、日本でも1988年に「特定物質の規制等によるオゾン層の保護に関する法律」が制定されている。こうした環境条約、文字どおりの全世界的で国際的な取り組みがなされ、オゾン層を破壊する物質を全廃しようとする動きが強化された。楽観的に問題解決がなされたとまでは言えないが、長期的にみて、オゾン層は回復の兆しを見せているとされ、史上最も成功した国際環境条約と言われている。ある程度まで効果的であったことは間違いがないだろう。

地球温暖化についても、1988年の「変化しつつある大気圏に関する国際会議」以来、世界気象機関（WMO）と国連環境計画が共同で「気候変動に関する政府間パネル（Intergovernmental Panel on Climate Change; IPCC）」を設けるなどして、国際的な活動や計画が立てられ始めている。地球温暖化防止のための条約を締結しようとする動きが現在までも継続中である。

このように予防的な対応策をたてて規制を実施したことは、ひとまず評価されねばならない。それでも、地球環境問題の原因については、未だ推論の域を出ておらず、対策が十分ではないといえるだろう。

地球環境問題の顕在化と複合化

地球温暖化、オゾン層の破壊、など大きな問題が次々と明確にされ、それが一つの地球環境問題群と認識されるようになったのは1970年代である。地球環境問題の整理をする際に頻繁に引用される「環境白書」では、地球環境問題の事象として、①オゾン層の破壊、②地球の温暖化、③酸性雨、④森林の減少、⑤野生生物種の減少、⑥砂漠化、⑦海洋汚染、⑧有害廃棄物の越境移動、⑨開発途上国の環境問題、という九つの事象が地球環境問題群であるとされている。[26]そして相互に関係する地球規模の環境問題が地球環境問題群である。

この地球環境問題の昨今の動きについて、その概略史をごく簡単に整理しておきたい。和田武らによれば、地球環境問題の拡大化と深刻化、および総合化と複雑化を把握するにあたっての歴史的な一般的区分は三段階である。[27]和田に従ってこれまでの地球環境問題の変化を見ておくことにしよう。

1960年代後半から1970年代の第一段階では、地域的問題である公害問題や消費者被害の問題が環境問題の端緒であった。1980年代にはいって、第二段階を迎え、個別的地球環境問題、すなわち第一段階の公害よりも広域化し深刻化した地球温暖化、オゾン層破壊、酸性雨、砂漠化、海洋汚染などの様々な地球規模の問題状況が現われた。そして1990年代後半、最終局面とされる第三段階の状態、すなわち、定常状態が急激な速度で変化し、不可逆的な変化を引き起こし、それぞれの個別的環境問題が相関する複合的地球環境問題の段階に直面した。

つまり、先に挙げた九つの地球環境問題が、相互に複雑に関連するという事態に至り、地球環境問題群と呼ぶべき問題が生じてきたのである。個別の地球環境問題を学習するということは環境教育の一つの重要な課題であるにせよ、地球環境問題群を丸ごと一つのものとして理解することもより一層重要である。なぜなら、従来の地域的環境問題と基本的構造を異にする点がその地球という規模にあるからである。つまり、国境を越えるために、近代国家という概念枠組みのなかでは解決しきれない様々な複雑な問題を包摂することになる。

地球環境問題は直接的に人間の「いのち」を脅かす重篤な問題になる。だがそれ以前にいくつかの段階を踏む。それは、健康被害、経済的貧困、金融および通貨危機、水不足を含む食糧問題、戦争、原子力の利用上の過誤など、様々な形態で日常的に徐々に忍び寄ってくる。しかも被害は人間の周囲の動植物、自然物、景観などへと拡大する。こうした環境問題の周辺的問題も非常に重要な問題である。生活環境の悪化も地球環境問題と同時に発生する問題である。「地球環境の悪化」や「人類全体の破局」という言葉は曖昧で抽象的である。だが、ある日突然、人類の生命がいっせいに危機にさらされるのではない。身体的・社会的な弱者や、貧しい地域、開発途上国などから、徐々に、個々人の不健康や局地的被害がはじまるのである。ある集団やある階層の人々の安寧で豊かな生活環境や安全性が確保されないことから「いのち」が蝕まれていく。可視化され顕在化する環境問題のはるか以前に潜在化する「日常性」の環境問題があることを忘れてはならない。

第三節　地球環境問題の特徴と解決策をめぐって

地球環境問題の科学的発見以来の三段階の歴史については前述した通りだが、第一、第二段階と第三段階の地球環境問題には根本的な相違点が多々ある。そして地球環境問題の現状から波及して、環境教育において対処しなければならない問題も増えているように思われる。そこで、地球環境問題の性質についてまとめてみたい。

地球環境問題とは、その被害と規模が一つの国家内にとどまらず、国境を越えて地球規模にまで広がる環境問題とされ、まずはそのスケールの大きさが、地球環境問題と地域的な環境問題の区分の基準となる。しかもその際、国際的な取り組みが必要とされる開発途上国の環境問題なども含まれる。規模の問題が地球環境問題と地域的な環境問題の違いではある。だが、規模ではなく、それぞれにつながっている一つの問題群である。そのことに留意しつつ地球環境問題の性質について検討しておきたい。

最も特徴的な地球環境問題は次の三点、すなわち①科学的合理主義の限界、②加害―被害関係の錯綜化、③被害の不可逆性であると考えられる。この三点についてみていくことにしよう。

地球環境問題の第一の特徴として、地球環境問題の発生メカニズムの複雑化と地球環境問題の相互連関が指摘され、科学的な実証による因果関係の解明や予測や対策が極めて困難になったことが挙げられる。現在起こっている事実の認識と、その対策の両方に対する時間的コストが大きすぎる場合がある。ある環境問題を解決するために開発された新技術や新物質が、新たな未知の汚染を生み出すかもしれない。解決策が副作用を引き起こさないことを確認するのには時間がかかりすぎる。時間をかけても、全く予期せぬ出来事が起こったりする。対策を講じるための費用を誰がどのように負担するかを決めるのにも時間がかかる。あまりに時間がかかりすぎると被害が等比級数的に拡大する可能性が払拭できない。自然科学分野での実証主義と科学的合理主義、技術信仰は、時として被害拡大の前に無力であることがある。

熊本水俣病の出現と公式発見、その対応にかなりの時間が費やされたように、こうした地球環境問題の発生から、その本格的な対策をたてるまでとなるとかなりの時間を要する。その間に被害が深刻化し不可逆的になっていくこともある。科学的実証主義の立場を貫くとすれば、かなりの労力のコストと時間のロスによる被害のコストがかかりすぎるという点で難点がある。環境教育においては科学的実証主義によって完全に証明された事実だけに基づいて教育・学習活動ができるわけではない。そのため、地球環境問題の予防のために、なんらかの「予断」に基づいて環境教育を基礎づけねばならないという課題が浮かび上がる。完全な科学が成立せず、現在ある科学もその歴史的な進歩と発展によって修正を余儀なくされる。

「加害—被害」関係の輻輳化と不可逆的変化

第二に、地球環境問題の発生原因が、主として企業の産業活動から一般市民の消費活動にシフトしてきたことから、地球上のほぼ全ての人間が被害者としてこの問題にいやおうなく巻き込まれている点が地球環境問題の特徴である。世界中のおよそすべての人々が、何らかの意味で被害者であるとともに、幾分かは加害者であるという誇りは逃れ得ない。企業が加害者で被害者が一般市民であるというような従来の「加害—被害」モデルで責任追及をすることはもはや不可能である。加えて、企業が引き起こした型の被害の場合であれば、司法的な判断で、責任の所在がある個人や特定集団であることを明確にすることが可能であった。しかも、金銭的な保障を含め、何らかの形で被害救済に向けての補償が行われてきた。予防策もある程度は効果を発揮して事態の改善を図ることが可能であった。

ところが、地球環境問題においては、加害者―被害者の特定が困難であり、変化が不可逆的であるため、金銭による補償と事態の改善が不可能である。汚染物質が国境を越えるとなると、国際法が整備されつつあるとはいえ、当事国同士の国内法における裁判での決着は困難になる。未然防止という策以外には、即効性のある策は見当たらない。

また、金銭による人間どうしの「補償制度」は、人間中心主義の反映であり、非常に大きな害悪を伴っている。人間の生命や健康の被害、動植物を含めた自然界の被害、無生物である景観などの「補償」を、一部の人々に対する金銭の受け渡しですましてよいのかどうかという問題も再考を要する課題である。自然それ自体と動植物に対する別の「補償」システムも必要であろう。

第三に、定常状態の変化が加速度的で、しかも不可逆的変化であるという点である。生物多様性の消失などは代表的なものである。野生動物の絶滅など多くの事例に関して、不可逆的であることが示されている。現状維持が精一杯であって、現在の環境が今以上に悪化しないように維持することだけしかできないような地球環境問題も存在する。したがって、今ここで対策を講じなければならない問題の危急性が改めて浮き彫りにされる。

以上のように、地球環境問題の特質は、①科学的実証主義による労力と時間のコストが大きく、②従来の「加害者―被害者モデル」での理解が不可能であり、③金銭による補償が不可能であり不可逆的変化を起こすことである。加えて、先進国と開発途上国の間での世代内不公平の問題と密接に絡んでいることも含まれる。

すべてを巻き込む地球環境問題群に対応するためには環境教育群が必要

既にみたように、環境問題という用語は個別の環境問題の一つ一つだけを指すのではなく、その全体ないしは総合体を指し示す用語である。地球温暖化やオゾン層の破壊などの地球環境問題は個別に存在しているだけではなく相互に密接に関係しあっている。[28]また、被害に遭うのは、人類ばかりではなく地球上のすべての動植物、自然物と景観、地球そのものまでもが危機に瀕している。

環境問題は、単に科学的、技術的、社会的に解決すべき問題として、人間存在の外部から不運が原因で偶然に投げかけられて存在している問題（problem）ではない。すでに自然との訣別を果たし、自然を利用しはじめた私たち人間存在の生の中にある、逃れえない宿命として必然的に存在する。問題点や論争点としても翻訳されて用いられる“issue”が、「流れ出るもの」という意味合いをもち、しばしば環境問題が“environmental issues”であるともいわれるように、人間の生活の結果や帰結として必然的に排出される所産が環境問題である。してみれば、「環境問題」とは人間を取り巻く環境破壊による生命への危機ではなくて、人間の内部の精神的な身体環境のなかに潜んでいる危機でもある。環境問題は人間存在の深いところに巣食っており、限りない深い淵をみせる。

環境問題は、環境という「そと」と人間の内部という意味の「うち」に関する危機であるばかりではなく、「うち」と「そと」の両者をつなぐ部分の問題である。そのつなぎ方の問題であるからこそ、教育の問題として現れる。つまり、環境問題の解決策も究極的な要因が根本的には一つのものであるという意味では、巨大な環境教育「群」として理解されるべきである。

既にみたように、環境問題「群」には、次のような膨大な課題が山積している。再度、見方を変えて確認しておこう。すなわち、①資本主義社会が生み出す地球規模の環境問題とそれに伴う人口過剰問題、および、世界規模の再生不可能な資源の危機的な枯渇問題、②先進国の環境問題が引き起こされる過程で一次的にも二次的にも起こる開発途上国の環境問題と貧困、飢餓、紛争等の社会問題、③開発に伴う自然破壊や生物多様性の後退と野生動植物種の減少の問題、④エネルギーを生み出す原子力発電所とその事故の問題、⑤エイズや狂牛病、コロナウイルス等の伝染病の問題、⑥遺伝子操作に伴う諸問題と生命倫理にかかわる問題、⑦環境破壊につながるような国際紛争やテロリズム、戦争、技術の運用ミスによる人為的災害、⑧開発における女性問題とジェンダー問題[29]などがある。要するに、環境問題を生み出す資本主義社会という経済システムに付随する課題と理解される。

こうした広範な問題群に不可分にかかわる教育の構想となると非常に広い視野が必要となる。全体的でかつ根本的な対応策が必要となるのである。つまり、すべてを巻き込む地球環境問題群に対応するためには、巨大な環境教育群が必要となる。

第四節　地球環境問題の解決を教育目的とした環境教育とは

地球環境問題解決の三つの方法のどれもが教育と関連する

教育目的を現実化する際、その手段が重要である。環境問題を解決する手段はどのようなものがあるのだろうか、教育学的なアプローチでの解決方法を正面から捉える前に、地球環境問題の解決方法と教育との関係を概観してみよう。ここでは、環境問題を解決しようとする方策を次の三つに分類して、それぞれをやや詳しく見ておくことにしよう。

①科学的解決策：科学的・技術的な発展に問題解決を期待する策
②社会的解決策：政治的・経済的な変革に問題解決を期待する策
③哲学的解決策：哲学的・倫理的・精神的な人間の内面的変容に問題解決を期待する策

第一の環境に関する科学・技術的解決は、科学・技術のより高度な発展に環境問題の物理的・化学的・生物学的解決を求める方策である。すなわち、環境に関する実証科学を発達させ、技術の進歩を図ることで、環境問題それ自体が解決するという技術楽観主義的な立場である。この場合、環境科学の事実を陳述することで、人々の意識も変化し、次第に環境問題が解決するといった態度も含む。この第一の解決策と教育の関係をごく簡単に指摘しておくとすれば、人間を生物学的に直接脅かす、物質的汚染の科学的メカニズムを解明しなければならないということである。すでに指摘したように、環境問題の理解のために環境教育が必要となるのである。

第二の社会システムを変革することによる解決は、政策や制度や経済的な規制、法律などの変革により、社会の在りかたをシステム的に変更することによって、問題の解決を図ろうとするものである。こうした解決策は、国家や国際的な取り決めに従って、政府や地方公共団体によって行政が主導するかたちで、トップダウンで行われるばかりではない。個々人が力を合わせ、市民的な力を結集することによって、たとえばNGOやNPOをはじめとするあらゆる組織的な市民団体や非営利セクター等の運動自体が、そうした変革に寄与することも可能である。また、そうした動きが政府等の諸機関に環境に関する社会的な取り決めを促すこともある。市民からの、すなわちボトムアップの働き掛けが重要であり、両者の力があいまって、こうした変革は成功する。この意味で、市民的な変革の要請は必須である。

環境危機を生み出したのは、物理的な物体（モノ）ではなく、人間関係や社会的関係、経済的・政治的なシステムやメカニズムであるということを子どもたちに知らせる必要があり、そういった事柄について学習する必要がある。したがって、環境問題を生み出した社会に関する教育――環境社会教育――が必要である。

第三に、哲学的かつ倫理的に人間のライフスタイルや生き方を変えようとする方策がある。エコロジーやディープ・エコロジー、環境思想や環境倫理（environmental ethics）などの近代を超える新しい哲学的な見方や立場が登場した。そして、今の環境問題を生み出したのは人間の精神的かつ内面的な問題であるとの判断から、哲学的、倫理的に人間の行動を変化させようとする動向がある。こうした人間の内面的な変革が、消費をはじめ人間と環境のかかわりかたを変革し、それがひいては社会的な力になるという考え方である。教育との関係を指摘しておくとすれば、人間の内面的・精神的課題つまり「生き方」の問題として環境問題が取り上げられるので、道徳的倫理的環境教育、あるいは環境倫理教育といった教育が必要であるということになる。

これら三つの解決策に共通の視点は教育である。科学的解決策の立場をとるとしても、その科学や技術の進歩や発展には「教え—学び」という観点が必ず入り込んでくる。また地球環境問題に関する客観的なデータを示すことで、人々の意識が変わりうるとすれば、その示し方についても研究が必要であり、そのデータを示す行為も「教え—学び」の行為となる。

社会的解決策をとろうとする立場でも、環境問題を生み出した社会システムを理解して変更しなければならず、そこにも教育的な関係が成立する。仮に、変更した場合、その後の社会におけるある種の環境を悪化させる行為を逸脱行為として取り締まることが必要になるが、それが法的規制の対象となることについても学習が必要となる。哲学的解決策は、もっとも深い部分で教育とかかわる。しかも倫理的哲学的な解決策の立場では、この「教え—学び」関係がいっそう明白である。

このように、人間の「学び」を軸とし、他者に対して変化を求めようとする行為、即ち、善くしようとする行為が教育行為である。換言すれば、究極的には、人間の何らかの考え方や生き方の変化につながる方向性を有している以上、そこには教育という概念が介在する。しかも、教育学の視点からすれば、何らかの方向性が入り込むのである。

環境教育はディープでホリスティックな教育である

「ジオカタストロフィ研究会」は、人類の滅亡が不可避的で、比較的近い将来ではないかということを警告し、なんらかのリアクションを期待して、丸ごとの地球の破局という意味で「ジオカタストロフィ（geo-catastrophe）」という用語を用いている。[30] 地球の破局や人類の破局というのは環境破壊の帰結であるが、こうした問題の把握はきわめて広い範囲での環境問題の解釈と長いスパンでの未来予測によるものである。

こうした表現に接すると悲観的になる。だが、環境危機（crisis）という場合、"crisis"は、人生や運命などの重大な分かれ目、岐路、転換期、重大局面とも訳される。危機という側面を強調するのではなく、丸ごとの転換期や飛躍期となる局面と把握すれば、前向きに立ち会える。部分的な危機ではなく全体的な危機に希望を持って向かいあうことが大切である。

では、どうすればこの環境危機を回避できるのだろうか。科学的技術的解決策、政治的社会的解決策、哲学的倫理的解決策と三つに分類して把握すれば、まずは広範な教育が必要であることが分かる。現代社会の様々な問題を個々に独立した問題と把握して、それぞれ個別に解決策を立てるという方法で、環境問題も解決できるという原子論的な問題の捉え方ではなく、ノルウェーの哲学者アルネ・ネス（Arne Naess, 1912–2009）にしたがっていえば、そうした環境問題をはじめとする諸問題は根底のところでつながっているのだから、全体として一つのものであり、その解決には個別の対策ではなくて、全体的なそして、深いレベルで、人間の生き方とその共同体の在りかたを変えなければならない[31]。深いレベルで人間の生き方に変化がおこらなければ、もしくは、人間社会を支配するパラダイムが変化しなければ、環境問題群は解決できない。ヒトという個体や人類という生物学的な実体の外側を取り巻いている物理的な環境が人体に影響を及ぼすという問題を環境問題と考えるだけではなく、人間存在の内部の身体的精神的問題やその人間社会の社会環境としての問題も含めて、最も広い意味で人間という主体を取り巻く環境の危機が起こっていると考えるホリスティックな思考法を重視すべきである。

そのような広く深い意味を含ませて環境問題を捉えると、対策としてはより大きなディープでホリスティックな教育が必要となる。つまり、環境だけではなく、貧困、人口、健康、食糧の確保、民主主義、人権、平和をも包含するもので、道徳的・倫理的規範が必要となる。ある意味で、環境教育ではなく、違う教育の呼称が必要となる。環境教育が「環境と持続可能性に向けた教育[32]」であると表現してもよいと言われるように、環境教育は別の大きな教育になる。その点については、第七章で詳述する。

環境教育における教育目的と手段の関係は一義的で直線的なものではなく、その間を仲介する様々な段階的目標があり、目標達成の過程にも、教育的な実りの多い副次的教育課題がある。そのことは決して否定すべきことではなく、環境教育が包摂する豊かな教育的意義を念頭に置けば、環境教育を教育の全ての領域に敷延する可能性を見いだすことができる。

第四章　環境教育に対する教育学的アプローチの基盤

第一節　教育学的視座としての〈希望〉

教育者に根本的確信が問われている

本章では、環境問題の解決を目指して、環境教育という領域を樹立して奮闘する教育学の基本的な姿勢はどのようなものか。教育学の基本的な立場を明確にしたい。

かつて、シューマッハー（Ernst Friedrich Schumacher, 1911-1977）は、「教育が抱えている問題は、現代のもっともむずかしい問題をそのまま、反映したものである」として、「われわれの病は形而上学的な性質のものであるから、治療法も形而上学的たらざるを得ない。根本的確信の是非を明らかにできないような教育は、練習か遊びに過ぎない[1]」という痛烈な表現を残した。シューマッハーのいう「われわれの病」の一つにまごうことなく環境問題が数え上げられる。それゆえ、教育学において人間形成上の価値観の選択と未来社会の選択を左右する「根本的確信」が問われている。治療法が形而上学的になるということは、生き方の哲学にかかわるということである。何よりも、環境問題に直面した教育学が「根本的確信」を突き詰めるならば、畢竟、それは人類が環境と折り合いをつけて調和的に共存できるという〈希望〉である。

これまで見てきたように、環境教育は、環境問題を解決する手段として、自然の中で様々な直接的な体験をすることや、自然のしくみを科学的に理解することといった教育だけに限定されるのではない。精神的かつ哲学的な信念を含み、理念的には広義の深遠な人間の内面に関する人間教育である。もっと踏み込んでいえば、人間と自然との関係や動植物との関係、自己自身との向かい方や、なにより消費生活の在りかた、文化やイデオロギーの在りかたまでを視野に入れ、文字通り"radical"に、深層にまで掘り下げて教育の営みを捉え返し、自然環境・人間環境・社会環境を含めて総合的に環境の在りかたを見直そうとするダイナミクスが環境教育に求められている。この要求に応えるためには、「根本的確信」としての〈希望〉が大切である。まずは、そのことについて検討してみよう。

希望は重要だが語るのは容易ではない

そうはいっても、〈希望〉を語るのは容易なことではない。1972年にローマクラブのレポート『成長の限界』[2]という極めて厳しい現実を示す報告書が出された。このレポートは、マサチューセッツ工科大学（MIT）とローマクラブが、コンピューターを駆使して、21世紀の人口および産業の成長予測を行ったものであった。当時、この将来予測にいやおうなしに関心が高まったが、それは間違っても楽観的なものではなかった。『成長の限界』では、人口が爆発的に増加するにもかかわらず、石油などの天然資源をはじめとする自然の資源は有限であり、このままでは地球上の経済的発展は限界点に達するということが認識されたのである。

むろん、このレポートは地球の破滅を予測し、定められたかのような未来の運命を嘆く消極的な後ろ向きのレポートではない。それどころか、人類の未来が私たち現世代の人々の手による選択にかかっており、〈希望〉と冷静な判断力さえもてば、地球の危機が乗り越えられることを強烈にアピールする勇気あるレポートであった[3]。

同じように、危機に気づきながらも〈希望〉を語る人物がいる。有名な理論物理学者であり、平和運動家でもあるヴァイツゼッカー（Carl Friedrich von Weizsäcker, 1912-2007）は、正義と平和と自然という三つのテーマと人間との現実の対立関係に眼を向けていた。ヴァイツゼッカーは、地球と人類は「おそらくこれまでに私たちが経験したことのない破局的頂点を窮めようとする危機的状況にある」[4]と断言する。しかし、いかなる問題であれ、現実と希望との緊張関係がなければ説明できず答えも得られないとして、素朴な希望の言葉で解決策を語る。もっとも、彼は当時の新たな世界大戦という破局を回避して、世界平和のために希望を語り始めているが、それは環境破壊を念頭においても違和感はない。自然との平和がなければ、人々の間にいかなる平和も存在しないからである。

人々の環境意識が十分に広範に展開され、市場に強制力が働き、政治システムに決定的な影響を与える民主主義的な世界が構築されれば、環境問題は解決できる。その意味で、危機的状況の中にも光を見出せる。〈希望〉は決して夢想的ではなく理性的なものである。

ローマクラブのレポートも「危機認識」という点では一致している。『成長の限界』の出版の20年後の1992年に出された、『限界を超えて[5]』でも、人類に環境問題に取り組むだけの能力が備わっているので、よりよい社会を実現するために物理的な限界を受け入れることが必要であることが再度強調されている。ローマクラブは豊かさを2倍にして、資源消費を半分にするというスローガンを出して、生存基盤を長期にわたって確保することを主張してきた[6]。それが具体的に可能であるとしている。1995年には、地球環境問題解決の鍵概念として、少ない資源で豊かな暮らしをするという「ファクター4」というスローガンが掲げられ、産業構造と企業経営の構造変革を起こして、エコロジー的な効率革命とエコロジカルな生活革命を促進しようとするグループも出現している[7]。地球サミット以来、エコロジー的に持続可能な進歩を遂げるための実現可能で、しかも経済的に引き合う実現可能性の高い計画があちらこちらでなされている。

前述のような一連の努力の方向性を一瞥しただけでも、人間はいかなる逆境にあってもその苦難を乗り越えていく実存的な存在であることが想起される。環境問題に直面している社会的歴史的な存在である現代人だけが、こうした逆境に取り組んでいるわけではない。たとえば、フランクル（Viktor Emile Frankle, 1905-1997）は、強制収容所の体験を踏まえて、「人間はあらゆることにもかかわらず――人生にイエスということができる」と力説する[8]。人間を人類に、人生を人類史に置き換えれば、「人類はあらゆることにもかかわらず――人類史（過去と未来にわたる人類の発展史）にイエスということができる」といえよう。苦難を乗り超える過程のうちに、また一つの共同の所業が人類に加わり、私たちは強靭になることができる。

詳しくは第八章で述べるが、ローマクラブのレポートからわずか4年後の1976年には、エーリッヒ・フロムは今日の人間存在の肉体的かつ精神的危機を看破して、自らの精神分析による体験と社会心理学的考察、そして透徹したヒューマニズム精神から、「ある存在様式（the being mode of existence)」と「あることの都(the City of Being)」という処方箋を書いた。[9] フロムも〈希望〉のもとにこの処方箋を書いたのである。

昨今、人間の思考と行為は、人類のゾーエ的生命[10]、即ち連綿と受け継がれてきた「無限の生」までをも徹底的に崩壊させかねない事態を招いている。しかし、人間の理性は、危機を乗り越えようと、さらに深化し統合され進歩する。人間は、新たなる危機に直面するたびごとに、過去の時代の価値や概念、真理や実在を持ち出し、それに新しい知や理念やシステムをいくつか付け加えることによって、当面の困難を解決しようとする。乗り超えるべき危機の種類にもよるのだが、ここで新しい知といっても、それらは人間のはかりしれない知の枠組みにあらかじめ組み込まれているものである。そして、それを引き出すのが環境教育学の仕事なのである。

失ってはならないのは希望を語る姿勢

現世代は、後世代にあらんばかりの智恵と経験を与え、将来の危機を回避したり、それに備えられるように配慮したりしようとする。そうした行為は、畢竟、教育的行為として理解される。環境教育もその一つである。ただし、この場合、先行世代が、後世代に、「将来そのもの」を準備することがその重要な課題のひとつとして付け加えられる。

その際、失ってはならないのは〈希望〉を語る姿勢である。ここでいう〈希望〉とはフロムがいうような「一つの存在状態」であり、「生命と成長との精神的付随物[11]」であって、心の準備である。その〈希望〉は、いずれ時期が来たらひとりでに事態が好転するといった受動的態度で〈待つ〉といった態度ではない。また、起こり得ない状況を無理に起こそうという全くの非現実的な態度でもない。〈希望〉とは冷静で合理的な心の構えである。この〈希望〉は、環境のなかで暮らしてきた人間の文化と生活が、必ずどこかに自然や環境と調和する点をもっているということによって文化人類学的にも裏打ちされよう。

科学的データは地球環境問題の深刻さを示すありとあらゆるデータを提出する。社会的アプローチをする論者たちは、政治的・経済的解決策の困難さをあらゆる手段で実証しようとする。それにもかかわらず、人類と地球があと数十年程度で文字どおり終局するという完全な確証は得られない。〈希望〉を失うに足る合理的実証的データはどこにも見出し得ない。

また、悲観的に、「人類が生き延びることが、必ずしも、善や正義ではない」などということもできない。「将来そのものを次世代に準備する」という究極の課題を突き付けられた教育（学）者は、決して悲観主義や厭世主義などに陥ってはならない。子どもの存在を否定してしまえば、教育学の存立基盤は消失する。子どもが存在するということ、人類が存続することは教育学の存在にかかわる絶対条件である。したがって、教育の世界での共通の言語として環境教育における〈希望〉を大切にしなければならない。

〈希望〉。

それが教育（学）者たちがこの問題を引きうける際の基本的態度である。人類は危機に直面しているが、それにもかかわらず生き延びるべきであり、そのために、ある種の社会的な共通善と人格理想のもとで、社会とそこで生き生きと生きる人間を形成しなければならない。

第二節　人間形成と社会システムの「制御」の必要性

ランゲフェルトの指摘——科学技術の制御

根本的精神を〈希望〉に据えて、将来の人間と環境の形成に積極的に関与する教育学の立場においては、ある種の集団的な意思決定が個人の行動に影響を及ぼして、その行為を社会的に制御すること、ないしは、ある種の行為を自主的に抑制することを求めざるを得ない状況になる。とはいえ、どのような抑制がどの程度必要なのかという現実的な問題についてはきわめて慎重にならざるを得ない。

そこで、人間形成の過程と社会環境を形成する過程の両方において、ある種の価値的な方向づけに基づいた社会システムの制御、個人の行動の抑制につながるような働きかけが必要である。環境問題や環境危機を意識した教育学者らの思想を踏まえることで、その点を確認してみたい。

ランゲフェルト（Martinus Jan Langerveld, 1905–1989）は、環境問題が世界的な規模で注目されるよりも以前に、教育学者としてはかなりはやくから、技術や工業化といったものが有している驚異的な力を認識し、それとの戦いが始まることをうすうす察知して、「もしわれわれの科学技術というものがより深い人間の理解というものから離れてますます独立した形に発展してゆくということであるならば、われわれの危険も増してくる[12]」ことを看破して、科学技術の帰結を人間が生活可能な、生きていける世界の内部に確保しておかなければならないことを指摘した。それゆえにランゲフェルトは、

「科学や技術」を人間の理解と人間の解釈のなかに統合することがもっとも危急の課題であり、そのためには教育、とりわけ大学教育が重要であるという[13]。

環境危機を産み出した一因である科学技術の運用にあたって、教育が重要な意味を持つ。発展ばかりではなく、抑制や制御も必要になる。ランゲフェルトは、人間の理解というが、それは、人間にとって幸福とは何かという解釈をしたうえで、科学技術を運用しなければならないということである。

リットの警鐘――存在すべきものとは何か

一方、環境危機を産み出した工業化社会および労働を目的とした「手段＝目的＝思考」を中心とした社会システムの問題については、リットが警鐘を鳴らしている。地球環境問題が顕在化する以前に、すなわち1950年代後半からリットは工業社会における「機械化」と「自己疎外」が、人間性（Humanität：フマニテート）の運動を慢性的に脅かすことを危惧し、人間形成（人間陶冶）の重要性を指摘している[14]。リットの主たる関心と批判の対象は、近代の労働体制と事物支配にあった。直接的に地球環境問題を論じているわけではない。しかしながら、慧眼のリットの表現を借用して現在の危機を表すならば、自然科学と科学技術によって生み出された「存在している事物（das Seiende）」が、我々人間の中に「存在すべきもの（das Seinsollende）」を押し潰し、いわば「存在すべきではない事物」――化学物質やある特定の技術や社会システムなど――までをも生み出してしまっているといえよう。

リットの基本的な思想のなかにあるように、こうした「存在するもの」と「存在すべきもの」との二つの両極を動くのが教育の概念である。環境教育という新たな領域を提唱する際には、現在の社会に存在するものを認めながら、「存在すべき社会状態」を掲げ、それを創造することや、あるべき人間の人格理想を創造する必要がある。

当然のことながら、ランゲフェルトもリットも地球環境問題という用語を用いてはいないため、現代社会における危機的状況までをも見通して意識しているようには理解できない。しかしながら、20世紀前半から環境危機を十分に意識していた教育学者らが存在した。しかも、そのために新たな教育が必要であるということも認識されていたのである。

ヘンダーソンとオルテガの視角――内的な衝動の抑制

ロンドン大学教育研究所の教授であったヘンダーソン（James L.Henderson, 1910‐没年不詳）は、1980年に日本を訪れ玉川大学で講演とシンポジウムを行った。ヘンダーソンは来日中の講演の中では、地球環境問題を取りあげていない。だが、「地球村の住人」や「世界史教育」という課題を教室の中で取り扱う方法を学ぶべきであると主張した。人口問題やエネルギー問題、公害などを視野に入れた教育についても語った。その講演集は『人類生存のための教育（Education for Survival）』という邦題が付され1981年にすでに翻訳・出版されている。[15] この書では、環境問題の予防のために、人間として「抑制」しなければならないものと、その「抑制」のために人間形成上のある段階で加えなければならない分野があることが主張されている。

こうした加えるべき「抑制」とは、人間存在の外側だけから課されるものではない。かつて、オルテガ（José Ortega y Gasset, 1883‐1955）は、我々人間とは、我々自身と我々の環境からなり、生きることは、そうした環境と交渉を持つことにほかならないと主張している。そして、本来なら人間の内部の声は、「生きるとは、自分が制約されているものを感じること、それゆえわれわれを制約するものを考慮しなければならないことである」[16]と叫んでいるという。すなわち、環境という、よい意味においてもまた悪い意味においても、われわれ人間をその内部からもまた外部からも制約するものを十分に考慮しなければならないのである。ところが、現代は、「生きるとは何の制約も見出さないこと」になっているとオルテガは喝破する。

この言葉は現在の環境問題を直接に意識しているとは解釈できないし、オルテガ自身が強調するように政治的な意図もない。それでも、オルテガ流にいえば、「何の制約も見出さない」という限定的な意味においての手放しの自由主義を根本的に抑制しなければ、環境危機が回避できないということになる。環境問題の制御とは、すなわち、人間自身の内部の心的な制御に他ならない。オルテガ流にいえば、主体的な「私」がもし「私」の周りの環境を救わなければ、人間としての「私」自身が救われないことになる。この場合、「救う」ということは、外的なものの抑制であるばかりか、内的な衝動の抑制である。

日本の教育学者の見解——環境教育が学校変革の引き金になる

欧米の教育学者ばかりではなく、環境教育の黎明期に日本の教育学者らも、地球環境問題と教育学との関係について論じている。1990年代から「地球をめぐる環境は危機的状況にある」として、「環境の問題を抜きにして教育は語れない」などと表現される。[17]数十年前から環境問題と教育の深い関係性について論ずる論は多い。地球環境問題が最も切迫した課題であり、未来の地球の鍵となっていることから、「幸福で豊かな未来を願う『教育』が、この問題を避けて通るわけにはいかないのは、当然のこと」[18]などとも主張されていた。当初より、環境問題は教育学の課題として引き受けられていた。

未来世代のことに配慮した教育学を構築すべきであるといった議論も盛んに行われるようになった。原子栄一郎は、「持続可能性のための教育」という用語で、民主主義と平和の精神に沿い、原点としての子どもをみつめながら、社会変革のためのエンパワメントを有する教育の可能性を論じている。[19]北村和夫は、環境教育が環境問題を解決し、社会変革の引き金になると指摘し、環境教育が学校変革の引き金になるという。[20]

とはいえ、環境教育は教科教育の一種とみなされがちである。学校教育での理科教育や科学教育、社会科教育、あるいは家庭科教育を皮切りに様々な教科教育の専門別に論じられ、教育方法論や教材論、カリキュラム論が議論される。教育実践上の課題も重要な課題だが、何故、環境教育が必要とされるのか、そもそも環境教育とは何かという"why"と"What"の問を立てることを飛び越えて、すぐさま"How"の方法論や技術論だけを論じるならば、環境教育の重要な要素である〈希望〉と抑制とを見落としかねない。

第三節 「環境のための教育」という教育目的論を超えて

環境問題の解決だけが環境教育の目的ではない

教育学的な〈希望〉を抱いて、人間形成と社会システムの両者を「制御」するとき、問われるのは、何のためにという目的である。そのため環境教育の目的論を再検討しておこう。

１９７２年以降に政治的に産み落とされた環境教育は「環境のための教育（education for environment）」である。つまり、その教育目的論によって他の教育からは区別される。「環境のための教育」とは、オーストラリアの「ディーキン＝グリフィス環境教育プロジェクト」の環境教育のアプローチとして、フィエン（John Fien）が明らかにしたように、環境問題の根本問題が、私たちの生きている社会や経済、政治といった様々なシステムの本質にあるため、そのシステムの仕組みを支える世界観や制度、あるいは生活様式といったほとんどすべてのものを、環境の持続可能性のために方向づけなければならないという、きわめてラディカルな教育目的論に立脚している教育である[21]。

環境教育の教育目的を重要視して、究極的には環境問題解決の教育戦略（strategy）と位置づける非常に狭い理解から出発するとしても、環境教育においては幅広い対応が求められるため、実践面においても理論面においても、問題解決だけが環境教育の目的ではない。表現を変えれば、環境問題と教育との相関関係を論じる際には、環境問題の解決方法としての教育という視点ばかりに注目するだけでは不十分であるということである。教育実践において長い歴史を有する永遠のテーマともいえる教育と環境との間の関係、ならびに、教育と生活ないしは暮し方、生き方との関係もあらためて見直さなければならない。環境問題の解決だけが環境教育の目的ではないのである。

「環境についての教育」も「環境のための教育」と不可分である

「環境についての教育」は、現在のところ一般の人々に比較的容易に理解される環境教育の一部であり、最もポピュラーな領域である。小学校や中学校、あるいは高等学校をはじめとする学校教育の教育課程で、とりわけ主として理科教育や社会科教育、家庭科などの教科教育の枠内や総合的な学習の時間でも「環境についての教育」といった意味での環境教育的な取り組みが行われつつある。大学においても、「環境科学（論）」や「地球環境論」など様々な名称の科目名で環境問題や環境にかかわる教育は盛んになりつつある。[22] こうした「環境についての教育」をより正確に言い換えるとするならば、環境についての科学な知識を伝える「環境科学（environmental science）」に関する教育である。

しかしながら、これまでに起こってきた環境や環境問題に関する様々な事実や、科学的知識を用いて予測される将来の事態について、客観的なデータを示して事実を陳述することだけが、環境教育ではない。そこに何らかの価値が入り込んでいる点を見落としてはなるまい。環境教育で、「環境について」教えるとき、何をどのような順序でどのように教えるかということが問題になる。意図的計画的に学習活動を構成する意図が教育者にある以上、「環境科学教育」も価値的な教育の営みである。

価値をまったく抜きにして、事実のみを伝えるのが環境科学教育の本質ではない。たとえば、高村泰雄と丸山博は、環境科学教育を「環境科学を教える教科領域である[23]」と規定して、その内容と方法の体系的な教授プランを詳細かつ丁寧に呈示しているが、その際の環境科学とは、「人間の生活圏（生物も含めて、人間が生活している地球表面近くの地圏・水圏・気圏のうすい層）の自然（主系列・二次系列）と人間・社会との相互作用における人間の自己意識と人間・社会の変革に関する科学[16]」とされているように、環境科学のみを純粋に教えるという狭量な環境科学を扱っているのではなく、社会やその変革にもかかわるというように、「環境についての教育」は「環境のための教育」とも不可分の関係にあることがわかる。

高村と丸山は、環境科学教育の体系を、①自然環境科学教育、②環境政策科学教育、③原環境科学教育という三つの領域に分類し、環境政策科学教育と原環境科学教育では、持続可能な発展に結びつくための教育の可能性を探っている。一見すれば「環境についての教育」は、狭い意味での「環境科学教育」と把握され、価値中立的で普遍妥当な教育であるかのように考えられるが、環境問題を扱っているという点ですでに「環境のための教育」の色彩を帯びており、しかも環境問題を生み出した環境社会についての教育をも含んでいる。教育実践の場においては「環境についての教育」と「環境のための教育」は不可分で、その区別は容易ではない。ここでは環境問題についての知識や態度を身につけることを主眼にした教育を「環境についての教育」としておくが、その教育への動機そのものが、「環境のための教育」の一分野でもあるともいえる。

ところで、環境教育実践の領域概念として、「in-about-for」の区分――すなわち「環境のための教育(for)」、「環境についての教育（about)」、「環境における教育（in)」の三区分――が行われている。この区分の発想のもととなったのは、１９９１年当時、イギリスのロンドン大学キングスカレッジにいたルーカス（Arthur Maurice Lucas,1941-）が、１９７２年にアメリカのオハイオ大学に提出した博士論文のなかで、環境教育の定義の問題を検討した際に提示した区分である。それを踏まえて、１９９１年には、ルーカスは「私が環境教育の研究にとりかかったとき、その多彩な定義やプログラムが、三つの広いカテゴリー、ないしは、こうした根源的なカテゴリー組み合わせの内の一つに分類できた。教育とは、『環境的』なものである。それというのも、教育の過程における内容が環境についてでもあるし、また、教育の過程の目的が環境（保全）であるからであり、あるいは教えることが、環境のなかで行われるからである。[24]」と述べている。このように、ルーカスは教育そのものが環境と不可分であること、そして教育の目的が環境保全であると明言している。総合的にこの三つの分野をバランスよく取り入れた教育として環境教育が理解されるようになっているが、重要なのは、環境教育の目的はあくまで環境の保全である。

環境教育の教育目的の一つは〈希望〉を与えることである

かつて、人間は希望することを学ばなくてはならないと述べ「希望の哲学」を展開したドイツの精神科学的教育学者のボルノウ（Otto Friedrich Bollnow, 1903-1991）は、〈希望〉こそが人間の生を支える究極の核心であると述べた。その〈希望〉のなかには、あらゆる計画とあらゆる期待とを包括する、生命の究極の土台が見出されると主張する。[25]環境教育も環境が改善され、個人が生き生きと生きる期待を包括し、生命の究極の土台である環境を与える役割を担う。〈希望〉をもつことは環境教育の前提でもあり目的でもある。

よりふさわしい時期に、より良い順序で、よりふさわしいもの、つまりはよりよい環境を与えるのが教育の営みである。しかし、逆説的だが完全な理想的環境を与えることはできない。教育の営みには終わりのない永久不変の努力を要する。その際、理想的環境を与えることが実現できるという〈希望〉があるからこそ、先行世代は後世代に忍耐強く働きかけ、教育に関する研究を積み重ねることができる。たとえ、絶望や死などの限界状況においても、死への準備教育（death education）があるように、その過程をよりよく生きようとし、より良い環境を整えようとする。〈希望〉は安易な楽観主義でもなければ盲目的な信仰でもない。ここで言う〈希望〉は、欺瞞的なものではない真正の期待である。それはどのような教育にも必要であり、環境教育にももちろん必要である。

環境教育の教育目的のひとつは、子どもたちに人類が生き延びることができるという〈希望〉を抱かせることである。危機は非常に根深いものではあるが、決して乗り越えられないものではなく、我々人類が何とか手を携えて努力すれば、乗り越えられるという予感を子どもたちや市民と共有すること、それが環境教育の目的の一つである。

第五章　環境教育学の学理論に関する基本的考察

第一節　環境教育学の枠組み

環境教育の「教科書」の内容の検討

本章では、環境教育学の学理論の整備のための検討を行う。まずは、環境教育学の枠組みに関する基礎的な考察を行いたい。その際、大学生や初学者を対象とした環境教育実践への手引きとなる書物、つまり、書名に環境教育という文字が付され、環境教育について包括的かつ網羅的に複数の著者が解説している「教科書」を導きの糸としたい。

環境教育の「教科書」の一例を挙げるとすれば、2002年の『環境教育への招待[1]』、2009年の『現代環境教育入門[2]』および同年の『環境教育を学ぶ人のために[3]』、2012年の日本環境教育学会が編集した『環境教育[4]』、そして、2013年に出版されたトピックスをわかりやすく説明した『よくわかる環境教育[5]』などがある。

環境教育関連の書物のうち、どれが「教科書」でどれが「研究書」なのか峻別することはできない。仮に「教科書」だけを抽出できても、すべての「教科書」を比較検討することはできない。したがって、やや古いが網羅的な『環境教育への招待』と日本環境教育学会が編集した『環境教育』の2冊を詳しく検討し、他の類書を概観しつつ枠組みを考察したい。

『環境教育への招待』は三部構成である。

第Ⅰ部は「環境教育の基礎理論」と題されている。その内容は環境教育の歴史と目的・目標・カリキュラムの紹介である。理論が論じられているわけではない。

第Ⅱ部の「環境教育の内容・方法論」の内容は大別して二つの分野、すなわち、①自然科学・社会科学・人文科学にわたる環境教育の学習内容、および、②教育のプログラムと方法から構成されている。

第Ⅲ部では「環境教育の実践論」が示される。その内容は、日本の小・中学校と高等学校、学校外での教育実践、および、海外の実践事例の紹介である。

ところで、日本環境教育学会が編集した『環境教育』は、序章と終章を含めると合計16章で構成されている。その16章は4つの枠組みで構成されている。その枠組みは、以下の通りである。

①環境教育のすすめかたとその理論的背景といった環境教育理論の領域
②環境問題の発生から現在に至るまでの環境問題を扱った環境問題論の領域
③環境教育の目的と方法の領域
④学校における環境教育の計画やプログラムの領域

つまり、①理論、②環境問題論、③方法論、④カリキュラム論という枠組みである。

その他の環境教育の「教科書」についても吟味したが、ほぼ似通った構成であった。それを踏まえて言えば、その主たる枠組みは、以下のような領域に分類できる。

①環境教育の理念・定義・目的・目標などを扱う環境教育理論領域
②環境教育に関する法律・国際的な文書の紹介や制度を含んだ国際的国内的な環境教育の歴史を扱う環境教育史領域
③学校内外の多様な環境教育実践の方法やカリキュラム、プログラム、評価方法を論じる教育方法論領域
④国内外の学校や学校以外での実践事例を報告・紹介する教育実践事例紹介領域
⑤実証主義的な環境科学をベースとしたアプローチで、環境教育の学習内容となるべき公害問題や地球環境問題、環境史や環境問題史、ならびに、人文科学と社会科学的をベースに環境問題にアプローチする環境思想や環境倫理学、環境社会学を扱う広い意味での環境問題領域

簡潔に言えば、①理論、②歴史、③方法論、④内容論、⑤環境問題論である。①と②、③と④が同じ枠組みに入っていることがあり、書物の総ページ数に占める⑤の割合には大きな差異がある。環境教育の教科書のすべてが上記の枠組みに入っているとまでは言えないが、大枠としては以上のような枠組みがある。環境教育学を学ぶためには、上記のすべての分野をカバーすることが必要である。

海外では、２０１３年に"International Handbook of Research on Environmental Education"[6]と題された51章もの章からなる環境教育研究の手引書が刊行されている。この書は大学生向けの「教科書」とは

言えないが参考にしてみよう。この書物の構成は三つのパートに分かれている。テーマは、以下の通りである。

①問い直されるべき領域としての環境教育を概念化する
②環境教育のカリキュラム、学び、評価の研究：プロセスと結果
③環境教育研究における枠組み化、実践評価の問題

つまり、環境教育に関する①原論領域、②方法論領域、③学理論領域の三つである。そしてそれぞれのパートがさらに下位の三つのセクションに分かれ、合計九つの要素から構成されている。①と②の二つのパートは日本の教科書の枠組みとほぼ似通っている。だが、最後の③のパートは「教科書」と異なる。このパートのセクションには、「環境教育研究の境界域を押し広げる（Moving margins in Environmental Education）」（Ⅶ）、「哲学的かつ方法論的パースペクティヴ（Ⅷ）、「環境教育研究の洞察、欠点（Gaps）、将来の方向性」（Ⅸ）といったメタ理論の章が含まれている。この部分は、日本の「教科書」では見過ごされがちな部分である。

環境教育の「教科書」を超える視点は何か

日本で出版された環境教育の「教科書」は、広大な環境教育の領域をもれなく重複なくカバーしている。教育実践の方法を学ぶ「教科書」としては有意義である。それにもかかわらず屋上屋を架すという批判を承知で本章を加える理由はなにか。

第一の理由は、環境教育の理念や可能性について根源的な問いを共有するためである。環境教育に

自己言及して確固としたアイデンティティを確立し、環境教育論について言及するためである。とはいえ、それは性急に環境教育と他の教育との境界を画定して独自性を固持することを意味しない。環境教育とよく似た「〇〇教育」との境界があいまいになっている状況を受け止め、緩やかに連携し接続するためである。

第二の理由は、環境教育の研究が前提としてきた様々な概念を根本的に問い直すためである。環境教育の存在、その理念や枠組み、歴史などが自明なもので論争の入り込む余地がさほどないものとして記載されている書物もある。一例を挙げよう。環境教育の目的と目標と前提について——たとえば、「持続可能な社会を創る」という目的、「幼少期に自然体験をしましょう」というスローガン、「科学的知見に基づいて環境問題を理解する」という目標、「現代のグローバリゼーションが進んだ産業社会」といった前提。加えて、政府の基本方針——たとえば、「環境の保全のための意欲の増進および環境教育の推進に関する法律」や国連の文書である「持続可能な開発のための教育の十年」である。それが所与のものとして受け入れられている。

環境教育の「教科書」は、環境教育の実践者になろうとする読者や環境教育に興味関心を抱いている読者に、疑問を抱かせないように執筆されている。換言すれば、読者を教育実践に導くことを狙っている。それゆえに、そうした書き方について何ら問題はない。

しかし、本書は「教科書」の限界を超え、環境教育が何であって、何を目的とし、どのような研究方法を採用するのかをラディカルに問い直したい。

第二節　環境教育学の構築を目指す際に留意すべき点

環境教育学の非体系性・非網羅性・非完結性

次に、環境教育学という学問の共通の認識の必要性について言及しておこう。元日本環境教育学会会長の鈴木善次は、『環境教育学原論』[7]で環境教育に関する研究を一つの学問分野として位置づけ、それに環境教育学という名称を与えて環境教育の体系化を試みている。そして、次のように主張する。

「『環境教育論』であれば、その目的、目標、内容、方法などはそれぞれの論を提案する人によって異なってもよいし、当然そうなるであろう。もし、『環境教育学』とするならば、少なくとも学問体系に必要な目的、目標、方法、内容などのうち、特に目的、目標ではその分野に携わる人たちの共通した認識、理解などが必要になるであろう[8]」

学問とは「全体を網羅したひとまとまりの知識体系」であるべきである。鈴木の見解も踏まえて言えば、環境教育学は、環境学の面からも教育学の面からも、環境教育における学習内容を教えるためのひとまとまりの知識体系となり、共通した認識が必要となる。

だとすれば、筋道がすっきりと通っていると言う意味での体系性、重複なく偏ることなく扱われるべきすべてのテーマを均等に論じているという網羅性、および、それがすべてであるという意味での完結性を兼ね備えていなければならない。だが、環境教育学は、それらを完璧に整えることを優先しない。なぜなら、環境教育学という学問は、逆説的だが、非体系性・非網羅性・非完結性こそが大きな特徴であると考えるからである。

第一章から第三章でみたように、環境教育学は、教育学と環境学、生態学や生物学をはじめとする自然科学、地理学や都市計画学にも、哲学や倫理学からも多くの影響を受けて構成される。しかも、西洋古典の思想から東洋現代にいたる様々な地域と歴史を縦横無尽に駆け巡る奔放さがその本質にある。加えて、環境教育学は、常に未知なる現象——たとえば、予期せざる突発的な自然災害や気象の変化、新たな科学技術の進歩が探り当てた新たな環境問題——との遭遇を経験する。そのため、将来にわたって普遍妥当な環境教育学は存立しえない。

非体系性を認識して環境教育のプラットフォームを構築する

このように、環境教育は体系性を拒んでいる学問である。としても、環境教育に教育実践と理論研究の両面でかかわる人々が、ある程度まで共有しておかなければならない認識と理解、すなわち、「プラットフォーム」とも呼ぶべき共通の基盤が必要である。

その理由の一つに、環境教育学に関する理論的な議論の深まりがさほど見られないことが挙げられる。たとえば、２００８年に書かれた三谷高史らの環境教育研究に関するレビュー論文によれば、環境教育に関する理論的かつ哲学的な研究がわずかであることがわかる。[9] ２０１５年には、野村康が日本環境教育学会誌に掲載された原著論文107本をすべてレビューした労作を発表しているが、野村は何らかのパラダイムに沿って環境教育研究を方向づけようとした論文がないと指摘している[10]。

三谷や野村の指摘のとおり、環境教育学会誌に掲載された論文や環境教育学会の大会発表の大半が、教育実践に関するものと環境問題を扱う実証主義的な内容で占められている。理論的哲学的な問いを持った、環境教育とは何かという研究は単発的なものであり、継続して学問の深淵をうかがい知ることのできるような議論の蓄積は希少である。それどころか、環境教育研究の論文において、先行研究を十分に検討することなしに、それぞれの論文の執筆者の出身分野だけの土台をもとに議論が進められているという事態や、政府や国際的な教育機関の公文書などに頼りすぎるという指摘もある[11]。

ただし、事態は改善されつつある。日本環境教育学会の創立20周年を記念して編集された特集号[12]では、ひとつの「全体的な枠組み」が示されている。それは、「自然保護教育と自然体験学習」「公害教育と地域づくり・まちづくり学習」「幼児教育・保育と環境教育」「食と農をめぐる環境教育」「海外から学ぶ環境教育」などから構成されている。これは「学としての構築」の試みである。学理論構築が全く放置されていたわけではなく、確実に前進している。

環境教育（学）の硬直化を回避する

前出の鈴木の『環境教育学原論』は、「教科書」ではなく研究書であるが、シンプルに3つの研究領域と研究内容が示されている。すなわち、第一に、環境教育の理念・目的・目標・歴史などに関する「原論」領域、第二に、環境教育で扱う学習内容に関する「内容論」領域、第三に、環境教育の「方法論・実践論」領域である。鈴木は、環境教育学に関連する諸学問もつけ加えているので、それを含めると4つの枠組みが示されている。しかし、鈴木自身が「試論（私論）」であるとも断っているように、これも固定的な枠組みではない。

こうした枠組み化や体系化を試みる際、最も注意しなければならないのは、結果として表現された体系が、硬直化をもたらしかねないという点である。また、他の諸科学のような体系性と実証性をもって、そもそも環境教育が学問として成立するのかという根源的な問いにも直面する。環境教育学の構築には多くの障壁がある。

次に、学理論の論議は時期尚早ではないかという反論も予想できる。それについても先回りして論駁しておこう。国際的な環境教育の出発地点を1970年ごろと見定めるなら、すでに半世紀あまりの歴史がある。日本においても、1990年に設立された日本環境教育学会は、実践の普及に発展に大いに寄与した。当初、日本環境教育学会は、学者の集まりではなく、「実践を志向した研究」を行う「市民に開かれた新たな形を目指す[13]」とされ、教育実践を積み上げる情報センターとして出発した。環境教育実践の蓄積は十分である。実践との往還によって理論を論議するうえで、すでに機は熟している。

環境教育の学としての構築は、過去の教育実践のマッピングや評価を下すものでもなければ、今後の研究の方向性を限定するものでもない。環境教育学の有効利用はさらに一層慎重になされなければならない。だが、学理論そのものの構築に慎重になるあまりに議論を怠れば、環境教育実践と理論の発展が阻害される。

ここで、以下での混乱を避けるために、本書における環境教育研究・環境教育論・環境教育学という三つの用語法の確認をしておこう。峻別は不可能だが、①環境教育研究（a study of environmental education）とは、「一篇の論文など、研究テーマが限定的で比較的短い研究成果」である。②環境教育論（research on environmental education）は、「全体を網羅してはいないが、ある一定の見地からの環境教育についての考察をまとめた書籍や関連する数編の論文で示される比較的長編の研究成果」と定義しよう。そして、③環境教育学（science and philosophy of environmental education, Umweltpädagogik）とは、環境教育に関する科学と哲学、および環境教育に関する教育学であるとしておきたい。つまり、個別的な研究から体系的網羅的な総合的研究になるにしたがって、環境教育研究（study）、環境教育論（research）、環境教育学（science and philosophy）となると理解する。

第三節　環境教育の理論と実践に関する三つの位相

環境教育の実践と理論の三つの位相

次に、佐藤学の一連の理論と実践の研究、およびドナルド・ショーンの論考を手がかりにして、環境教育実践において具体的に実践と理論分野が関係しているのかをみておこう。[14] すでに教育方法学や教師教育研究で常識となりつつある理論と実践の関係を、環境教育の分野に持ち込めば、研究や理論、学理論について以下のようなⅠからⅢの三つの位相が想定できる。

図1は、環境教育実践と研究の位相を模式的に示している。①～④の矢印（←→）は、それぞれの位相の相互作用である。

図1　環境教育の実践と理論の位相

Ⅰ：実践レベル

"to do"（する）, or "to ask how to do"（どのようにするのかを尋ねる）

①一般化・法則化 ←→ ②理論（法則）の普及

Ⅱ：理論レベル・・・・・・・（Ⅰを含めて、研究・論）

"to think how to do"（どのようにして（次の）実践に向かうかを考える）

③理論の哲学化 ←→ ④他理論の応用⇕他の思想

Ⅲ：メタ理論レベル（学）・・・・・（学理論）

"to think how to think"（どのように考えるかを考える）、"to evaluate how to evaluate"（どのように評価するかを評価する）

環境教育学の実践レベルⅠの位相について

Ⅰの位相においては、教育者は、環境教育の必要性を痛感する契機を境にして、どのように環境教育実践をするのかを調べたり尋ねたり、実践を行なったり、実践を振り返ったりする。自らのその教育する意欲（情熱）を現実化し、初歩的な実践を行う。その場合、自分独自の新しい環境教育実践を行おうとする手だてが少なく、あるいは意欲が不十分で、マニュアル等を参照したり研修の機会に学んだ方法で実践したりする段階、言い換えれば真似をしている段階である。

この場合、環境教育という発想や環境教育教材の受動的な消費者であることが多いため、教育行為が対象化され、真摯に反省されたり構造化されたりする対象にはならない。他者の教育実践の模倣に過ぎない場合があろうがそれは問題ではない。この層は環境教育実践に踏み込むという意味で重要な位相である。

この層では、"to do"（する）、"to ask how to do"（どのようにするのかを尋ねる）、"to tell how to do"（どのようにするのかを語る）という三つの活動例が挙げられる。それらの行為は構造化されたり、順序だてられたりはしない。実践者は環境教育実践に関する情報を他者から伝達されることを求めている。しかし、そこに実践者自身の創造的で反省的（reflective）な考察（research）はまだ加わらない。

環境教育学の理論レベルⅡの位相について

Ⅰの位相のままで留まり続ける教育者はほとんどいないだろう。たいていの場合、すぐにⅡの位相に移るからだ。そのⅡの位相は、自らの実践を振り返り、次の機会に独自の特色ある実践を行う意欲をもつ位相である。環境教育実践を蓄積し、他の教育実践にも目を配りながら、新たな環境教育を考える位相がこの層である。

たとえば、環境教育に取り組み、一定の実績をあげ、それをひとまとまりの法則に整理しようとする教育者や、他にはない独自の教育実践を開発しようとする小・中学校、高等学校の教員などがこの位相に属する。その際、実践者は、“to think how to do”すなわち、「どのようにして次の実践に向かうかを考える」点で創造的かつ反省的な実践者である。そして、実践をよりよいものにしようとする点で、教育者であるばかりではなく、同時に研究者でもある。

実践者は、自問自答を繰り返したり、他の教育者や研究者と交流（transaction）したりして、当該の環境教育実践を振り返り、そこから何かを学ぼうとする。そして、継続して環境教育実践に取り組もうとする。その際、自分の経験を構造化した結果得られるカンやコツ、他者や研究論文等から得られた知見を有効に利用して、次なる教育実践をよりよい実践にしようと試みる。端的に言えば、環境教育の「ありさま（現状）」をみて、これからの「ありよう（規範）」を考えるのである。

すでに佐藤らの指摘で定説となっているように、このⅡの位相で特徴的なのは、すぐれた実践のなかにはある一定の「法則（theory in practice）」が埋め込まれているため、それを発見して抽出し定立する動きである。この動きは、実践から理論ないしは「法則」を定立しようとする「一般化（generalization）」の動きである。上記の図では、「①一般化・法則化」にあたる。

その逆で、樹立したある種の「法則」を実践に応用し振り向けようとする「理論の実践化（theory into practice）」の動きもある。これは理論や「法則」の「普及（diffusion）」である。前記の図では、②理論（法則）の普及にあたる。要は、ⅠとⅡとの間の相互作用、すなわち理論と実践の往還があるからこそ環境教育研究がおこなわれる。

なるほど、環境教育実践が首尾よくいく「法則」を発見しそれを普及できれば、いち早く環境教育実践者を養成できる。教育実践もうまくいく。理論と実践をつなぐある種の魅力、あるいは、法則化の「うまみ」があるが、技術の転用と比較すれば教育実践における「法則化」も「普及」も思うようにはすすまない。「法則」を思うようには引き出せず、引き出したはずの「法則」がうまく適用できない場合もある。本章の副次的な課題として、その点も指摘しておきたいので、ここで若干の補足説明をしておきたい。

環境教育における「法則化」の陥穽

引き出した法則がうまく適用できない場合に関しては、優れた臨床心理学者で臨床教育学の研究者でもある河合隼雄（1928-2007）がわかりやすい例を持ち出して、教育における理論の難しさを説明している[15]。河合によれば、ある教師が、学校で話をしない子ども（場面緘黙児）に亀を飼わせたところ、その亀が逃げ出したことを契機にその子どもが話をし始めたという。この例を引き合いに出して、「緘黙児の治療には亀がよい（別に亀ではなくウサギでもかまわないが）」という法則を立て、それを応用しようとしても、別の子どもの実践ではうまくいかないと説明している。つまり、他の教師が別の緘黙児の指導をしようとして亀を与えても、首尾よくいかない。教育実践における法則とは、近代科学における普遍性や実証性を兼ね備えた法則とは性質が異なるものである。

環境教育でも、前述の亀の例があてはまる。たとえば、ある山深い学校での森林学習の実践が、海辺の学校での実践には生かせないだろう。ある大学での環境に関するゼミでの取り組みが、他の大学でも有効であるかといえば、そうではないであろう。ここでいう理論は、ある一定の法則を自分で立てるプロセスに意義があるのであって、結果として得られた理論をそのままそっくり転用できない。環境教育には、その土地で生きている身体と切り離せないという意味で「身土不二」の性質がある。

それでは一体、環境教育の理論の意義はどこにあるのだろうか。それは、環境教育の教育内容の研究、および他者との交流を通じて、自らの教育実践を振り返り、しかも、それをある種の独自の自分の「理論」として引き受け、機会があればそれを相手に真の意味で伝えるということができるレベルに達しているというところにある。語られる内容よりも、その語る過程と語り口、語り手の側の「聴いてもらえた」という思いのなかに、語り尽くせぬ教育実践の共有の地平が見出せるということである。

場面緘黙児の例でいえば、教師は教室で話をしない子どもに何とか話をしてほしいと願い、あれこれと方策をめぐらすなど格闘し、工夫し苦労して、何かのきっかけで亀を飼わせるに至ったはずである。その経過やその努力の過程こそが重要である。教育者として血肉化した子どもとのかかわりの歴史を他者に伝えることが、こうした研究を研究として成立させる存立機制なのである。つまり、「緘黙児には亀を！」という処方箋よりも、そのプロセスこそが、法則以前の法則になるのである。そしてそのプロセスについて、他者との「交流」をひきうけるレディネスが備わっていることが、第一義的な理論化の「うまみ」なのである。

他の教育者は、その教育者の「語り」を聞くことで、その語られない部分のエッセンスを引き受けていく。その際には、「暗黙知の次元（the tacit dimension, tacit knowledge）」の伝達ができる。[16]「大事なことは耳で聞こえない（目で見えない）」が、聴こうとしたり見ようとしたりする態度や意欲、空間を形成することが重要なのである。

このⅡの位相では、研究者として、学校の授業分析の一環として、ある環境教育の授業内容や実践方法を評価する点が含まれている。たとえば、環境教育の研究者は、少なくとも環境教育の授業実践の分析を研究対象とすることがあろう。その際、必ずといっていいほど、心のどこかで目の前の教育実践を「評価」する。そして、「完全化可能性（perfectibility）」を見出し、「完全性（perfection）」へ向かっての努力を他者に促すことがある。平たくいえば「よりよく」なるように「指導・助言」を行う。この「指導・助言」は、これまでの環境教育の実践と比較しての評価である。厳密な意味での完全な「完全性」は存在しないとはいえ、更なる努力を促す反省的で創造的な営みが授業分析に隠されているのである。

環境教育学のメタ理論レベルⅢの位相について

前述のように、Ⅱの位相に立つ環境教育の研究者が、目前の授業実践や教育実践報告が「よりよく」なるように指導・助言を行う際、判断基準となる「物差し」が妥当かどうかを検討しなければならない。Ⅱの判断基準や理論を評価するメタレベルの位相があると言える。つまり、Ⅲの位相は、“to think how to think”つまり、「どのように考えるかを考える」というメタ理論レベルである。このレベルは、“to evaluate how to evaluate”、すなわち評価方法を評価するレベルでもある。

このⅡとⅢの間にも、理論と実践というレベルの往還と同様、理論とメタ理論という往還がある。

一つは、環境教育に関する③「理論の哲学化」である。環境教育論の高次元化と言ってもいいだろう。その逆で、環境教育とは別のある種の哲学や思想を援用して、それを環境教育理論形成に応用するのは④「他理論の応用」である。つまり、環境教育とは一見関係がないように見える理論から環境教育に関する理論を生み出すメタ理論研究である。

Ⅱの位相の理論レベルでは、理論とは環境教育に関する理論であるが、Ⅲの位相のメタレベルの環境教育研究は、環境教育理論に関する理論（メタ理論）である。つまりⅡの位相では、環境教育についての研究（research about environmental education）であるのに対して、Ⅲは、それ自体環境教育的な研究（environmental educational researches themselves）である。後者の場合の形容詞"educational"の意味を、「教育的な」と理解して、環境教育的な研究とするよりも、「有益な」「教育の分野の」と理解して、むしろ、あらゆる環境関連学問の教育への応用と見なすべきだろう。

Ⅲのレベルでは、③のような実践から理論へ、理論からメタ理論へという反省的試みよりも、④のいわば創造的試みがなされることに期待したい。たとえば、環境倫理学やディープ・エコロジー、環境思想、宗教（学）を応用して、既存の学問の枠組みを超えて、環境教育を実践しようとする動向の試みである。そこにこそ環境教育の理論研究の新たな地平が開けていると見ることもできる。第七章と第八章では、④他理論の応用を試みる。

科学・哲学・実践学から構成される環境教育学

では、環境教育学とはどのような構造から成立するのか。大まかな構想を提案しておこう。

手はじめに、環境教育の「教科書」の検討で見たように、環境教育学の教育内容は、科学に基づく実証的な知に基礎づけられる。なぜなら、環境や環境問題に対する知識、生物学や生態学に基づく知見、広い意味での自然科学、ならびに環境教育実践に関して、客観的かつ実証的な事実に関する全体を網羅した知識体系が環境教育学に含まれるからである。環境教育学の構築に向けては、教育内容の画定と教育方法の深化にむけて、環境科学や環境学関係の専門科学者の協力は不可欠である。むろん、土着の知といったローカルな視点も不可欠だがここでは深入りしない。

同時に、環境教育学の内容は、環境教育の営みを根底から問い直すという自己言及的な要素を含む。すなわち、環境教育学とは環境に関する教育の哲学と解釈できる。この点をあらためて強調するのは、昨今、自然災害やそれに伴う人災で、近代科学の知と高度な技術の保証が安全で安心な社会の根拠となり難いことが暴露し始めているからである。近代科学の底流にあって、それを支持している経済的思想的な原理、――つまり、利便性や快適性、利潤追求性や資本の蓄積といったものを求める原理――が、一旦、括弧にいれられなければならないことが明らかになったからである。現代社会では、個々人の生き方の存在様式と社会の存立の様式の両者が哲学的に根底から問われているのである。この時代的潮流のなかで教育哲学的な議論を射程にいれなければ、環境教育学はその出発点に立てないように考えられる。

最後に実践学がある。この場合、学校における教育内容や教材、カリキュラムや授業実践ばかりではなく、学校外の教育実践を含めて、幅広く実践について交流と研究を継続することが肝要である。本書では踏み込まないが、環境教育の授業実践に関する分野も重要な要素である。

以上のように、科学と哲学と実践学から構成される包括的な環境教育学には、学という文字を付することによって、環境教育の営みに対する反省的方向づけが入り込む。環境教育という営みに自己言及して絶えず自己更新していかなければなるまい。それには一定の時間を要するだろう。私は、ゆるやかな全体的輪郭と各論のあいまいな融和を目指す原初的な環境教育学が立ち現われ、それが皆様のご批判とご叱正にさらされ、深いコミュニケーションを繰り返しながら、ゆっくりと環境教育学が醸成されることを願っている。

第二部　環境教育学の越境を求めて

第六章　環境教育ダブルバインド論を超えて

第一節　環境教育のダブルバインド状況

環境教育実践の状況について

地球環境問題は焦眉の現代的課題であり、あらゆる分野で論じられている。それに教育学が正面から真摯に応答するとなれば、本来ならば、実践的基盤は個々の教師の具体的かつ現実的な教育行為そのものであり、理論的基盤は環境と教育に関する教育学の総合的かつ包括的な理論全体である。しかしながら、環境教育として定立されつつある実践と理論に関するひとまとまりの領域が、「いのち」を脅かす地球環境問題という課題を正面から引き受けてきた。

ここ数十年の間に、世界的規模で、環境教育という領域が、学校教育をはじめとする様々な教育の領域で脚光を浴びるようになった。日本においても、1991年の『環境教育指導資料』[1]の作成によって、環境教育が学校教育の中に明確に位置づけられた。もっとも、この『指導資料』は指導の手引書であって、学習指導要領のような大きな影響力や拘束力はないが、それでも1993年には環境基本法第25条および第26、27条で、法的に環境教育の必要性が明確に認証された。2002年の「総合的な学習の時間」の導入の際には、国際や情報、福祉とならんで、環境が、いわゆる四本の柱の一つとして総合的な学習の時間の柱になった。環境教育の登場と発展は社会的に認知されている。

2015年の国連サミットにおいて全ての加盟国が合意した「持続可能な開発のための2030アジェンダ」の中では、SDGs（Sustainable Development Goals：持続可能な開発目標）が、「誰一人取り残さない（leave no one behind）」持続可能な社会の実現を目指す世界共通の目標として掲げられた。2030年を達成の年限として設定して、17の目標と169のターゲットを有する目標は学校教育現場にも浸透している。

環境教育の導入で学校にも変化がみられる。学校主導型のリサイクル運動が活性化したり、地域の清掃活動が活発になったり、自然体験型環境教育が推進されたりするなど、様々な体験的な環境教育プログラムが実践されつつある。道徳教育や特別活動といった教科外教育の眼目に環境教育が据えられることもある。

教科教育にも変化の兆しが見える。地球環境問題の原因を科学的に理解するために、主として理科教育の分野で環境科学教育が実践され始めた。環境問題発生の社会的・経済的要因に関しては、従来この分野をリードしていた公害教育を活用して、専ら社会科によって扱われ始めている。家庭科教育や道徳教育・特別活動においても、消費生活やライフスタイルの形成、環境倫理教育・自然体験教育等との連関・構造化で環境教育と銘打った実践例が多数報告されている。さらに、教科を越えた総合的な学習として環境教育を位置づけようとする動きもある。

たしかに、こうした動向は、豊かな自然体験を軸に、体験によって感性を磨き、教科教育で環境問題発生のメカニズムを多面的に学習し、最終的には生き方の問題として道徳教育と結びつけるという領域の分担――つまり、in-about-for 概念（環境の中での教育、環境についての教育、環境のための教育）――であると理解すれば、あながち的外れではない。しかし、以上のような環境教育が、環境問題を解決することに貢献できるのだろうか。

直接的に表現すれば、この問いの基盤には、環境問題の解決と未然防止という教育目的を明確にして出発した目的的な環境教育が、その本来的目的を十分に果たせていないのではないだろうかという疑問がある。環境教育の実効性が疑われているともいえる。

ダブルバインドという視点

学校教育における環境教育には環境問題の解決を求めようとする社会的使命が割り当てられてはいる。だが、学校自体が全体としてエコロジカルにみて持続可能でない文化と社会を再生産していることが根本的に意識化されていない。つまり、実効性を阻む障壁があるのだが、そのことが共通の認識になっていない。

そこで、本章では、学校における環境教育が本質的役割を果たせていない理由を環境教育の「ダブルバインド：二重拘束（double bind）」状況にあると考察し、その状況を素描する。次いで、その意味を肯定的かつ生産的に解釈するために、「ダブルバインド」状況の超克を試みたい。

近年の環境教育には、従来の学校教育や教育学の前提にあった人間形成の理論の一分野を、部分的にではあるにせよ、超克しようとする動向が看取される。何故なら、エコロジーや環境倫理学、持続可能性の概念を環境教育に導入する際、従来の教育学の人間形成の枠組みにはなかったような新たな前提や教育目的論、諸概念などが持ち出されるからである。

既にみたように、環境教育は地球環境問題の解決を教育の社会的機能に求めるという発想によって成立した実践的かつ実際的な教育戦略である。しかしながら現在では、登場した際の企図を遥かに超え、環境教育は人間形成と環境に関する教育学の理論的な領域において十分に議論されてこなかった領域へと教育者たちをしばしば誘う。そうした未踏の領域では、教育学の理論において、問題状況としての「環境の危機（ecological crisis）」の本質を自律的に省察し、その省察をどのように人間形成に反映させるかという課題に突き当たる。言い換えるならば、環境の危機を契機として、未来世代の中にどのような人間形成上の変更と社会上の変更を生み出すのかという教育的な価値づけの方向性に関する本質的課題がわれわれに突きつけられているのである。それを取り上げなければ、「ダブルバインド」状況は克服できない。

したがって、人間形成上の変更と社会上の変更を考える際、まずは、環境教育実践を阻む障壁について考えることからはじめたい。そこで、これまで主題化されていなかった環境教育の障壁を「ダブルバインド」――以下では、隘路やアポリア、陥穽、ダブルスタンダード、二重結果（double effect）といった意味での環境教育の矛盾を、総じて「ダブルバインド」と表記する――という用語で統一して言語化することによって再認識し、それを超克する方法を模索したい。そのように環境教育の隘路をある一つの用語で確認することは、今後の環境教育の理論化ばかりではなく、実践的な面で障壁に当惑する教育者たちにとっても有益だからである。

学校における環境教育の「ダブルバインド」を考察する際、手がかりとなるのはアメリカの卓抜した環境教育学者であるバワーズ（Chester. A. Bowers, 1935－）である。バワーズは、1993年から現在に至るまで、環境教育についての著作を精力的に著し続けており、そのなかで現在の環境教育のおかれている危うい状況を「ダブルバインド」という用語で主題化してきた。環境問題ばかりではなく情報化に関する諸問題も含めて、彼は一貫して現代文化に対する批判的な眼差しを持ち、学校教育改革の情熱を語ってきた。バワーズの論は、アップル（Michael W. Apple, 1942－）やジルー（Henry Armand Giroux, 1943－）、フレイエ（Paulo Reglus Neves Freire：1921－1997）らの批判的教育学（critical pedagogy）の理論と通底しており、それゆえに批判的で力強い改革的な彩りが添えられている。

ダブルバインドという用語の留意点

バワーズの「環境教育ダブルバインド論」を取り上げる際、十分注意しておかなければならない点がある。それは、彼の用いる「ダブルバインド」は、ベイトソン（Gregory Bateson, 1904－1980）が1956年に精神分裂病の病因論としてダブルバインドを提唱しはじめた当時の用語法とは、完全な一致を見ていないという点である。手短にいうならば、バワーズの「環境教育ダブルバインド論」においては、ベイトソンのようにメッセージやメタ・メッセージが階層的に精密に区分されている訳でもなく、諸症状が分類されている訳でもない。

しかしながら、ダブルバインドという概念それ自体の意義を厳密にベイトソンに遡り、その論理性を狭くとらえすぎるあまりに、バワーズの主張する「環境教育ダブルバインド論」の難点だけに注目するならば、彼が見抜いているような環境教育の本質的問題を見逃しかねない。そこで、ここでは、ベイトソンの正しい用法ではないことを十分に承知した上で、バワーズがいうところの環境教育の「ダブルバインド」的性格を理解する。したがって、前述したように、単に二つの原理に拘束され解決できない状況に陥る行為にも「ダブルバインド」という用語を拡大して適用することにする。

ところで、ベイトソンは、環境問題の根本原因が、テクノロジーの進展と人口増加、そして人間の本性および人間と環境の関係の在りかたに対するわれわれに染みついた考えの違いにあるとして、「環境問題に対して、その場しのぎの ad hoc 対策を講じることは、単に問題の根本的解決にならないというだけではなく、問題をより頑強で複雑なものへ成長させてしまう」[2]という。この指摘を踏まえて言えば、環境教育も地球環境問題の根本原因を取り除くばかりか、逆に、問題をより複雑にしてしまわないようにするための検討が必要であるように思われる。この点にも留意しながら、環境教育の「ダブルバインド」状況を把握してみよう。以下では、ベイトソンとの正確な関連には立ち入らないが、環境教育の「ダブルバインド」状況を病理的なものとみなし、その超克を試みたい。

第二節　環境教育を阻む壁

環境教育の実効性の課題

環境教育の実践問題は、教育方法論と教材開発において山積しているが、代表的な理論的問題は、行動主義的環境教育論のアポリアと環境教育の教育的価値論の不在という二点に絞られる。それらを順次見ていきたい。

第一に、環境教育の教育目的と行動主義的環境教育の実効性に関する問題を検討したい。地球環境問題の発生とともに成立してきた環境教育は、その黎明期にはアメリカ環境教育法（1970）にあるように、「人間と環境とのかかわりの理解に関する教育過程」であるとされていた。出発点はこうした「環境の理解」の教育であった。しかしながら、ストックホルム国際連合人間環境会議以降、ベオグラード憲章でもトリビシ会議でも、簡潔にいえば「人間と自然、人と人との関係を含む、全ての生態学的諸関係を改善すること」が環境教育の目的であるとされている。日本でも、環境教育は「より良い環境の創造活動に主体的に参加し環境への責任ある行動がとれる態度を育成する[3]」教育であると定義された。つまり、環境教育の成立後、急速に人間の意識や行動、社会の変化を促す改造主義的機能の側面がつけ加えられ、環境教育には結果として行動主義な側面が強調されるようになった。このように、環境教育は極めて目的的な教育であり、結果としての行動を重視する教育であると把握しなければなるまい。それゆえに、その実効性の程度において極めて辛辣な課題が存在する。

まず、実効性に関する問題には多々問題が介在する。「よりよい環境創造のため環境によい生活をしましょう」といった「キャッチフレーズ」の設定それ自体が多義性に富む。「より良い環境」の内容論、「責任ある行動」の内実さえ明瞭ではない。しかも教育的な動機づけが困難な課題である。まして環境教育における教育評価に関しては、いまだに客観的で広く流通する優れた教育評価方法はない。実効性を測る尺度も存在しない。

また、教育によって、「環境によい行動」を促す方法論や評価の問題以前の問題として、仮に環境に優しい行動を動機づけることが可能だとしても、その行動によって、「持続可能な社会（sustainable society）」を創造することが可能かどうかという検証は、教育学だけの立場からでは不可能である。実証が不可能であるどころか、逆に、科学的にも社会的にも環境によいと完全に立証されていない行動実践が、学校で現実的に実践される場合、その実践活動が「反」環境教育実践になる可能性もある。実効性を取り上げれば問題が百出する。

環境教育の教育的価値論の不在

第二に、上述の問題点と通底しているのだが、環境教育における教育的価値理論やメタ理論の不在の問題がある。「善さ」への志向性の不明確さ、ないし「善さ」の内実の不透明さと、環境教育の理論＝実践問題を語る理論の脆弱さが、環境教育（学）の基盤を揺るがせている。

第二章で考察したように、環境教育は、地球環境問題という問題状況とその解決へ向けての国際的動向と公害教育および自然保護教育にその由来を持つ。つまり「理念型環境教育」と「既存型環境教育」が存在する。前者の「理念的」環境教育には、世界環境保全戦略におけるエコロジカルな立場からの「持続可能な社会」へ向けての価値論が存在するが、その内実に関する論議は十分ではない。後者の「既存型環境教育」にしても、公害教育には経済優先の社会への批判があったり、自然保護教育で価値論が語られたりすることはあっても、現実的な教育的価値論の検討はほとんどなされてこなかった。したがって、「理念型環境教育」と「既存型環境教育」には、ある程度の理念や概念、実践があるにせよ、教育学的な価値論が未熟で未分化のままであり、両者の統合も行われていない。

しかしながら、人間存在とその行動を「善」なる方向へと導く価値志向性と、社会問題の解決を教育の社会的機能に求めようとする先行世代の教育の動機が環境教育の出発点である。一つの価値論を展開する必要性がある。人間形成を生成の層において捉え、相互形成に重点を置く教育思想の端緒があるとしても、環境教育は、「善さ」への教育であるという点から教育学的な思考の中で産み落とされてきた存在論的規定からは逃れられない。教育目的によって特徴づけられる環境教育には、明確に目的—手段シェマが働いている。それゆえに、環境問題の克服を教育目的とする環境教育には、「善き」人間形成への方向づけの視点が必須である。

ところで、上述の二つの問題とレベルは異なるが、環境教育が、従来の自然保護教育や公害教育と一線を画し、今後、拡散化していく状況を食い止め、一定の境界を有する領域として、学問上のアイデンティティを構築できるかどうかといった問題がある。もとより、環境と教育の問題は教育学成立以来の大きなテーマであったし、いまなおそうである。環境を非常に広い意味で捉えた環境教育論も数多い[4]。環境教育が広く深い関連領域を有することはその魅力の一つではあるが、一方で、環境教育が他の諸分野に取り込まれ浸食され、本質的な目的と基盤を見失いつつあるようにも見受けられる。その点にも留意しておきたい。

これら二つの問題点をより深く考察するために次節では、バワーズを手がかりとして、環境教育ダブルバインド状況からの脱出路を検討してみたい。

第三節　バワーズの「環境教育のダブルバインド」論

環境教育はダブルバインド状況に陥っている

前述のように、ジルーらの批判的教育学の流れをくむバワーズは、環境教育のおかれているアポリア的状況を、一貫して「ダブルバインド」という用語で主題化している。[5] ここではバワーズが指摘するダブルバインドを理解した上で、彼の処方箋を検討してみたい。それは以下のような文化的かつ社会的なものである。

近代教育システムは本来的に文化的社会的再生産機能と社会変革の機能を有するが、環境教育においては、それがとくに顕著に現れる。文化的社会的再生産装置としての近代学校教育という器で、環境問題を生み出した母体となる社会の再生産を行いながら、一方で環境問題を解決する社会へと社会を変革する役割が環境教育に期待されている。環境教育の社会的機能の相反する機能が、バワーズの第一のダブルバインドである。バワーズは、環境教育が文化に呪縛された学校というシステムの中で、文化の基盤を問うという契機を与えられたことで、ダブルバインド状況に陥っていると見ている。したがって、学校が潜在的に産業社会の再生産システムとしての社会的機能を果たしている点を見落として、産業社会を改変する機能のみを求めても、その効果はかき消されるとバワーズは主張する。

学校の社会的文化的再生産機能と社会変革機能を、「ダブルバインド」的な性質のものとして理解するならば、学校における環境教育にも「ダブルバインド」が存在するという理解は自明のものである。まずはごく簡単にこの点を確認しておこう。

一面では、学校は立身出世の手段や上昇的な階層移動の道具として期待されたり、多くの社会問題の解決の処方箋として脚光を浴びてきたりした。学校は、個人と社会を変革する変革装置であったという見方ができよう。こうした見方がある反面、昨今、理論的出自は異にしているが、アップルやアルチュセール（Louis Althusser, 1918–1990）、ブルデューやボウルズ（Samuel Bowles, 1939–）とギンタス（Herbert Gintis, 1940–）ら、専ら社会学者らの業績により、近代学校教育システムには、階級や階層等の社会的諸関係や文化、習慣を再生産する機能があることも明らかになった。たとえば、アップルは一連の著作で、学校文化と学校カリキュラムが、階級、人種、性などの偏りをどれほど再生産してきたかについて例証しているし、アルチュセールも、国家は学校教育を通じて、一方で労働者に対して技術の再生産を行い、他方では、消費者に対して文化とライフスタイルの再生産を行っていると指摘している。[6]

残念ながら、バワーズ自身も認識しているように、[7]彼の著作の中では、現代のカリキュラムの概念が、どの程度、エコロジカルに見て持続不可能な状況を再生産しているかについての精緻な例証や実証はなされていない。しかしながら、そうした点を差し引いても、学校における潜在的カリキュラムや隠された価値判断が、結果としてエコロジカルな立場から見て持続可能ではない文化的、社会的行動を再強化しているという指摘は重要である。

第二に、バワーズは近代的かつ西洋的な社会と文化、それに対してエコロジカルな持続可能性を有する社会と文化との間にあるダブルバインドを指摘する。環境問題の解決には、現代の支配的な近代的かつ西洋的な社会と文化による規範から脱却し、持続可能な社会における社会と文化の規範を教えなければならない。だが、その際、文化のヘゲモニーに関する現実的なダブルバインドが存在するという。[8] 拮抗する二つの価値観に挟まれながら、環境教育が、エコロジカルに見て持続可能な文化を構築しなければならない。

バワーズは、エコロジカルな危機は、技術、消費、進歩、個人を軸とした現代文化の価値と信念の危機であると見ている。この文化においては、産業社会の効率（efficiency）、利益（profit）、進歩に価値がおかれ、それらを中心とした文化的価値的信仰（belief）がある。そうした価値観や信仰が、環境問題を生み出す源泉の一つになったという反省の上に立ち、逆に開き直って、文化的価値の注入装置としての「教育」において、エコロジカルに見て持続可能な社会と文化を構築する「価値観」に関して教えることを意識化する。そしてそうした一つの「価値観」そのものを教える可能性は、ひとつの環境教育論ともいえるのである。

ダブルバインドの回避の手掛かりとしての現存する前近代的な定常的な文化

次に、先に提示した環境教育のアポリアあるいは、バワーズのダブルバインドからの脱出路を探ってみたい。

第一に、学校教育がエコロジカルに見て持続可能でない意識と価値観を生み出していることを認識しながらも、エコロジカルな持続を目指さなければならないことを教師が認識しなければならないとバワーズは強調する。そして、技術・消費・個人主義に基づいたライフスタイルと価値観から脱し、環境に対する道徳的責任を持つことが必要であるという。[9]

バワーズが懸念しているのは、陶冶概念を中心とする人格形成が形式的に強調される中にありながら、学校には、潜在的カリキュラムによって、意識的にであれ無意識的にであれ、実際に産業社会の価値基準が入り込んでいることである。それゆえに、効率と利益を中心とした文化化と社会化のプロセスが幅をきかせている。彼は、産業社会の価値観である効率や利益が、テクノロジー的世界観を形成するにあたって、学校の中でも重要な価値あるものとして認められており、それに文化的な疑念を差し挟むことができないことが問題であるとしている。

このようにアポリア克服に向けた第一歩は、アポリアの認識であるという観点がバワーズにある。そしてそれをとりわけ教師教育の中に持ち込もうとする。その論は、問題認識に役立つという意味で評価できる。

第二に、第一の点とも関連するのだが、アポリアの回避のためにバワーズから読みとれることは、彼自身が再三再四強調するように、エコロジカルな生存に対する答えは、部分的ではあるにせよ、現存する前近代的な定常的な文化、すなわち、クワキトル（Kwakitul of the Pacific Northwest）、アボリジニ（Australian Aborigines）、バリ族（Balinese）らの未開文化を参考にすることによって獲得されるという点である[10]。

あるいは、時代を溯って、人間を自然から完全に切り離し、比類なきまでに特権を付与された理性的なものとして人間を確立した近代以前の文化を参考にすることである。このような異なる文化集団の共通の型を認識し、その智恵が文化的な学習になるというものである。つまり、現在の個人主義・利己主義・消費主義・科学技術中心主義が近代に衝撃を与えた以前の文化を学習することによって、教師たちにみずからの文化的再生産の意味を知らせ、新しい価値の枠組みに目覚めさせるとともに、学習者にとっても、現在の支配的な文化とは異なった文化と社会のシステムがあることを知らせることになるということである。

こうした文化批判の視点に立てば、環境教育は現代文化の批判と反省、相対的な見方にたつことが基盤であり、究極的には地球環境問題を生み出す可能性が極めて少ない定常状態にある文化の教育の在りかたを参考にすべきだということになる。持続可能な文化を注入する「教育」というものも想定できるだろう。この点では、藤田英典のアーミッシュ社会の教育の紹介が参考になる。[11] ただしアーミッシュ社会と、バワーズの挙げる先住民族や未開文化の文化的発達の程度は異なる。しかし、文明の在りかたを教員養成の題材として学習するという論は、ダブルバインド状況を乗り越える源泉として、新しい覚醒、気づき、認識を高め、教育全体の変革へと向かう可能性を秘めているのである。[12]

この文化批判論は、環境教育ばかりではなく、消費者教育論において具現化可能である。バワーズは、消費的志向と技術的進歩への傾倒の二つを柱に、快楽主義、競争、個人主義などを強調する支配的な文化的パターンと価値観から脱却するために、こうした文明を参考にすることを推奨している。彼は新しい価値の枠組みに目覚めさせる教員養成のプログラムの重要性を説く。[13] 環境、人口、資源などの危機を悪化させないよう、先進国で若者に文化を伝えようとする仕事は、教師教育に従来とは違ったアプローチを要求することを示している。このように、バワーズは、再生可能な資源を不必要に使うことを最小化し、人間の日常生活における習慣的な行動を再考させ、不要なものを排除すること、そして教育に関する根本的な異なる思考法を模索していくべきであることが重要であるとしている。[14]

前記の点では、環境と調和した生き方の哲学を展開して、より少なく働く、より少なく消費する、日常生活に文化を含めるといったことを提案したフランスのエコロジスト、ゴルツ（Andre Gorz,

1924–2007）の提案と共通点がある。[15] ゴルツは、環境問題の解決には、自然における循環と共存の可能な程度を越えて、生産・消費・廃棄の量・質が変化したことにあるため、自然の処理能力を越えて生産・消費をすべきでないと示唆する。

また、環境倫理学の立場からは、シュレーダー＝フレチェット（Kristin Shrader-Frechette, 1944–）が消費の制限論を提起している。[16] ダーニング（Alan Durning, 1964–）は極めて具体的に消費を批判的に観察している。[17] 無条件に個人の消費生活が許されるわけではない以上、教育の場面では、とくに消費者教育との関連で、消費に関する道徳的な方向づけをしなくてはならないということになる。[18]

バワーズは、「環境の危機を乗り超えるために、教育の過程における概念的かつ道徳的な基盤のラディカルな変化を包摂しないような解決方法の枠組みはかえって新たな問題を付け加えるだけである[19]」という鋭い指摘も残している。積もり積もった現代社会の危機を解決するには、そのラディカルな変化の糸口を導き出す必要がある。

環境教育による学校変革論

第三の方法論は、学校変革論である。エコロジカル・リテラシー（ecological literacy）という概念を環境教育に導入しようとするオアー（David Orr）は、「すべての教育は環境教育である（all education is environmental education）[20]」と主張する。バワーズも好んでこの表現を用いるが、[21] それは現在の教育全体が環境教育となりうることを指摘していると同時に、現在の教育全体が「反」環境教育になっていることを暗に指摘しているからであると解釈できる。逆に言えば、この表現は学校教育全体が環境教育となりうる可能性を指摘しているばかりではなく、学校全体が「反」環境教育になっていることを示唆しているのである。したがって、環境教育に真正の実効性を期待する場合、学校や教育全体まで変革しなければならないという必然性が生じるのである。日本においても、登場した当時から環境教育は教育を変えることが話題に上っていたが[22]、それはこのような隠れたカリキュラムを通して文化に呪縛された学校教育システムが価値転換の基底を問い返されざるを得ないからである。

たしかに、学校教育全体の反省契機や、歪んだ教育の諸問題を解決させる方便として、環境教育をその「道具立て（instrument）」と見なすことは可能である。環境教育に、学校、ひいては社会構造を変革するダイナマイトの役割を果たす可能性と魅力があることを否定すべきではない。フロムの社会的性格論においても、その変革志向は同様の性質のものであった。しかしながら、価値論が明確になっていない段階で、環境教育だけに、学校や教育を変化させ、新しい社会像や人間像まで期待することは、環境教育を過大視している。

したがって、環境教育が潜在的に有している学校変革の可能性を具体的に生かすためには、学校カリキュラムにおいて、環境教育の障害となる仮定と前提を具体的に解明することが肝要である。実証的な作業でその反省的試みを繰り返して、教育の理論として人間の社会と「いのち」の持続性を実現させる可能性を切り開く視点を、環境教育の理論の上で明らかにすることが最終的な作業となる。その第一歩として、教員が無意識の内に価値判断する際の内面的基準が、どれほどエコロジカルに見て持続不可能な価値観なのかをつぶさに観察しなければなるまい。

バワーズは「現代の価値と行動パターンがどれほどエコロジカルな危機に関係しているかを認識している公教育の教師や大学教授は僅かである」と断じ、「環境を意識したグループは教育システムの中で一体何が教えられているのかについて異議申立てをしなければならない[23]」と主張する。この主張を生かす上では、直接的に学校変革論を導入するよりも、一つ手前の段階として、教師たちがこうした可能性に気づくことが重要な課題である。

では、学校教員が、現代の学校教育が産業社会のイデオロギー装置であり一定の価値を注入していることに、自覚や認識を持てないのはなぜか。それには二つの理由がある。一つは、意識化したり、対象化したりして自覚できないほどまでに強大なイデオロギーであるということと、それに気がつかないように批判的な思考力を意図的に育てないようにしているということであろう。そこで、環境教育の学習内容として文化的な学習を導入し、消費文化生活の反省を通じて、批判的な思考力を高める必要がある。つまり文化的な相対的立場からイデオロギーを見直す契機が必要である。

付け加えておくとすれば、学校変革論を生かす上でもう一つ重要なのは、NGOやNPOをはじめとする学校以外の教育機関や市民団体が、独自に「環境教育の学校」を標榜することが重要である。たとえば、自然学校としての「森のようちえん」もその一つである。学校以外の団体の活動のなかに学校変革へのヒントが隠されている。

文明の問い直しとしての環境教育

以上、バワーズにしたがって、環境教育の問題を総合的に「ダブルバインド」状況と捉えてきた。この状況から脱するには、ある種の教育的価値観を導入することである。たとえば、「持続可能性」であるとか、先住民族・未開民族の文化をモデルとした定常的社会と文化の学びなどが想定されよう。

つまり、環境教育は、現代文明の問い直しの教育であり、理想的な状況があることを想定することもできよう[24]。その際、文化と文明のいかなる部分が、環境の持続性にとって悪なのかを考慮しなければならない。

次に、文化的反省に立つとき、環境教育はある意味で規範的な側面を持つことになる。その場合、ある教育的価値論に基づいた環境教育が構想される。そしてそれは、とりもなおさず、「すべての教育が環境教育になりうる」ということに繋がるのである[25]。バワーズは「エコロジカルに見て持続可能な文化に向けての教育」(educating for an ecologically sustainable culture)という表現も用いる。そうした教育では、エコロジカルに見て持続可能な文化の共通の型である、メタ物語の存在、メタファー的言語と思考のプロセス、世代を越えた対話、コミュニティの形成、地域に根差した技術的アプローチ等の共通の型を追求しなくてはならないとしている[26]。そうしたバワーズの言う「持続可能な文化に向けての教育」は現在の教育とは全く異なったものになるだろう。当然、その際、持続可能な社会と文化の在りかたを明確にし、それを教材として文化的環境教育論を構想することが求められる。そしてその教育の中での価値観は、現在の文化における個人が社会の基本単位であり、変化が基本的に進歩であると考える価値観とは別の考えである[27]。

バワーズは、変化の速度にも言及する。つまり、「数十年後には、我々は最も基本的な信仰のシステム(belief system)と社会生活を変えなければならないという見込み[28]」を示唆している。環境教育ばかりではなく、未来構築の学としての教育学は、新たな持続可能な社会の行動様式、文化的パターン、倫理、社会システムなど、人間の価値の方向づけに関わる際、変化にかかる時間についての展望も必要である。おそらくはさほど早急には変化しないだろう。

以上のようなエコロジカルに見て持続可能な文化とその価値観を明確にし、それを教える環境教育は、現在のダブルバインド的環境教育の一連の問題を部分的にならば解消する。しかし、そういった括弧付きの環境「教育」は、従来の教育学から、全くのインドクトリネーションではないのかという批判を受ける。その困難を超克し、環境教育が本来の目的的な教育としてその実効性を発揮するには、環境教育における価値論を検討する準備段階が必須である。

また、付言すれば、教育評価の基準を持ち込まず、目的達成の実現の可能性を問わないことで、実効性は問わないという方法もある。つまり、目的的でない環境教育、すなわち「自己充足的な（コンサマトリーな）」教育を、環境教育とすることである。しかしながら、教育目的論を捨象した環境教育（学習）は、本質的な教育学的な応答方法ではない。無責任であるばかりか、思わぬ方向性に陥ることになりかねないと危惧する。

以上検討してきたように、習慣的な行動に対する反省と、消費と技術中心の在りかたを他の文化を見直すことによって自覚化し、現在の文化の在りかたを環境問題の原因を見立てて主題化することがパワーズの論点である。

第四節　「ダブルバインド」を超克する意義

極論すれば、環境教育の「ダブルバインド」状況を超克する試みとしては、社会変革的立場に立つという解決方法が予想される。詳しく言えば、政治的な意図をもつ教育戦略としての環境教育の実効性とその「目的―手段シェマ」を最重要視して、学校教育の一部の環境教育化では不十分で、学校教育そのものの環境教育化、そして教育（学）のエコロジー化という観点が、環境教育の最終的な目的となるという言説が立てられる。環境教育の中身を充実させればさせるほど、それだけ一層産業社会の価値観に支配された学校における教育的な価値観、文化、カリキュラムと対峙せざるを得ず、葛藤が避けられないという事態があるので、「すべての教育が環境教育である」という言説にも魅力はある。

しかしながら、学校教育の環境教育化をすすめるならば、次のような理論的課題を克服しなければならない。既に指摘した点と重複するので、それらを簡潔に素描しておこう。

学校教育の環境教育化の問題点の第一は、それが市民の社会的合意を経なければならないという点にある。万が一、環境教育において、持続可能な社会を構築するために必要だと考えられるある種の教育的価値を伝達し教授するとしても、それ以前に環境と環境問題に関して十分な情報を提供し、民主主義的な決定方法をとって社会的合意を得る過程が必要である。

しかもその際、第二の課題として、そうした持続可能な価値観を導入して、予期した通りの環境改善の結果が得られるかどうかを、科学的かつ合理的に保証しなければならない。ベイトソンの指摘を踏まえるなら、環境教育による問題解決の方法はかえって多くの問題を産出することになる。その点への十分な吟味が必要である。

第三に、そのような教育内容を教えることが可能であることも保証されなければならない。つまり機械論的な人間形成観に基づいて、計画どおりに期待された効果を現実化できるかどうかが問題となる。

第四に、持続可能な価値観に関する教育内容が、個々の子どもたちの発達と人権を保証し、豊かな学びとその共同体を擁護するかどうかを教育学的な見地から検討する必要があるという課題が残る。つまり、環境問題解決といった地球全体のための教育目的を有する環境教育が、決して全体主義的で強制的な教育にならぬように、学習者の多様で豊かな学びを軸に据えて対話的な態度をとる必要がある。

要するに、以上の点を概観するだけでも、「すべての教育が環境教育になる」という学校教育の環境教育化にはかなりの困難が予測される。長期にわたる社会的意思決定の過程と、個々人の学びと存在の豊かさを保証する過程が必要不可欠であり、環境教育を契機とした学校改革は、短期的には容易ではない。それでも、こうした過程が学校改革の一つの契機や刺激となるという意味でならば、合意に至る過程と議論の過程そのものが環境教育の過程でもあるともいえよう。つまり、学校教育の環境教育化というプロセス自体に新たな環境教育の可能性が見出せるともいえる。たとえば、エコロジーや環境倫理学、持続可能性といった諸要素を、特定の価値を押しつけることを意図せずに、一連の環境教育のカリキュラムのなかでの「ワークショップ」での議題に据えて、教育者と被教育者が分け隔てなく語りあう場を提供するような過程ならば、学校教育の環境教育化を推進する手がかりになる。

以上のように、「ダブルバインド」として主題化された内容から、「何故ダブルバインドを容易に超克出来ないのか」といった問いを立ててそれに応えようとする思考過程において、環境教育にとって豊かな手がかりを得ることができる。それが「環境教育ダブルバインド論」の第一の意義である。

ひとつのある合意された教育的価値に基づく環境教育を想定してみよう。それは現代社会への文化批判的な色彩を帯び、相当に規範的な色彩を帯びる。その第一の問題点は、どのような教育的価値なのかという内容の問題とその方向づけの決定方法である。

この決定方法については、前述したとおり、ルーマンが、「教育システムがエコロジーのコミュニケーション普及のために最大のチャンスを提供する」[29]と指摘したことを再度思い起こしておこう。つまり、環境教育に関して語りあう対話的理性をもち、地球全体における民主主義的な手続きで、環境教育は環境問題に関する対話の場を提供することでこの問題は克服されると考察できる。

対話的方向性を重視した環境教育の危険性

ただし、対話を軸にすることは重要だが、そうした対話的な方向性にも問題がある。環境教育のアポリアを認識し、その克服を図ろうとしているドイツの教育学者デ・ハーン（Gehard de Haan, 1951–）を手掛かりに、その問題を理解しておこう。

まず、基本的には、デ・ハーンは、環境教育をUmwelterziehungではなくUmweltbildungとして捉え、いわゆるエコ教育学（Öko–Pädagogik）を標榜することによって、従来の環境教育を刺激しようとする。また、デ・ハーンは、環境教育は現代の教育学の反省契機であると考えており、環境教育を「道具的環境教育（Instrumentelle Konzepte）」と「反省的方向性（Reflexive Konzepte）」に大別し、後者を重視する。[30]後者のなかに、コミュニケーションを中心に据えたワークショップ型の対話を重視した環境教育の可能性を指摘している。

しかし、デ・ハーンは、環境科学における実証に関しては教育哲学の立場からは検証が不可能であり、信憑性のあるデータの区別が不可能であると注意喚起している。環境教育の名のもとに行われるコミュニケーションを中心とした活動で扱われるデータは、何らかの教育的意図あるいは恣意的な意図なしには切り取られないからである。つまり、ワークショップ型の環境教育において共通とされている認識や事実や情報が異なり、参加者の経験や知識そのものがすでに何らかの偏向を持つというのである。しかも、ワークショップでは他者に結論を押し付けることは控えているが、学習にはその後の意識や行動の変化が暗に要請される。その暗に要請されるものがあるバイアスを有することは否定できない。それゆえ、誤った解決法に結びついてしまい環境問題解決の抜本的対策にはならない可能性がある。ワークショップ型の環境教育それ自体は、環境問題に関わる入り口や経験としては有効である。だが、その場で実践される環境教育は価値的な偏向を有することがあり、ドグマ的な環境教育に陥る危険性を払拭できない。

対話的環境教育の難点を踏まえれば、環境教育の教育的価値論を検討する際、教育全体にかかわる広い視点――ときには全体論的あるいはホリスティックな観点――が必要となることが看取される。メェーリンク（Martin Möhring, 1965-）は、「袋小路の環境教育（Umwelterziehung in der Sackgasse）」という表現で、環境や環境問題の解決というテーマを、知識伝達を引き金にした解決方法に頼ることには限界があるということを指摘し、「ある全体的視点（eine ganzheitliche Sichtweise）」が必要であるという[32]。つまり、あらゆる価値論を全体的な立場から鳥瞰して、それを纏めていく視点が必要なのである。対話だけを積み重ねても包括的視点の形成は困難であろう。

もう一つ留意しておかなければならない点について言及しておこう。

バワーズの「環境教育ダブルバインド論」を手がかりとすれば、環境教育が近代の機械論的・目的合理的な人間形成観によって生まれているという出自をもちながら、その生みの親である機械論的な自然観と人間観や合理主義の超克を求めるところに到達しなければならないという「ダブルバインド」も主題化されるだろう。それは教育学の課題としても引き受けなければならない問題である。

象徴的にいえば、環境教育においては、人間を中心としたエコロジカルな持続可能を保証する上で、人間の手で望ましいと評価されているような行動をとるようにという働きかけをすることが——程度問題はさておくとしても——前提とされている。だからこそ環境教育においては、人間の思想を含めた生活様式とその環境の相互関係の教訓を与えようとする意味で、人間とその共同体が計画されている。地球環境問題の環境教育的解決とは、政治的解決であり教育政策的解決である。「教育政策の策定—教育目的—教育目標—手段—内容」、あるいは、「学習の計画—認識—学習—動機付け—行動」、そういった計画性が、環境教育の中心的な性質となっている。

より詳しくいえば、意図的計画的合理的な教育の戦略としての環境教育においては、因果的法則性が重視され、予想と計画を外れたものは意図の実現を阻むマイナス要因とみなされるような機械論的な人間形成観が身体化されルーティン化されている。加えて人間がすっかり自然との関係から切り離され、主客分裂した関係性の中で、客体として自然を把握し、それを目的合理的に操作する能力を持ちえているという前提が了承されている。環境教育は、未来の人間とその社会も、人間の手で構築できるという目的合理的思考を基盤にしているのである。

自然は人間の計画学の概念を超えたところで予期せぬ多くの出来事を引き起こす。その意味で、環境教育計画や環境計画で、機械論的に自然の問題を解決しようとする態度は、時として自然の側からとんでもないしっぺ返しを受ける可能性がある。環境問題を解決する人間を計画的に形成すること自体が、自然ではない過程であるかも知れない。その点にぜひとも留意する必要がある。

しかも、環境教育的視点から、子どもが自然に環境のことを学ぶのではなく、きわめて意図的に学校において教師の手で環境問題解決に与するような教育実践をすること自体にも難点がある。有機体論的な人間形成観や自然観に立てば、本来的な環境教育とは自然にまかせる偶発的な（incidental）教育ということになるはずである。無意図的であるべき環境に関する「教え—学び」の過程が、意図的になるところにも「ダブルバインド」が生じる。

端的にいえば、機械論的な人間形成観は、情報への過度の受動的態度とテクノクラシーへの依存を生み、ひいては生活共同体に埋没してはいたが、環境と人間とのかかわりを「教え—学ぶ」という人間の能力を奪いつつあり、そのことがかえって環境教育を不能にするという懸念がある。環境問題の環境教育（政策）的解決においては、人間がすっかり自然とは切り離され、自然科学的な意味と生物学的な意味で環境問題が起こっていて、認識論的かつ文化批判的な立場から、われわれの行為を変革することで解決可能であるという前提をもっている。だから、目的合理性を基底とした「問題認識—学習—思考—行為」というプロセスにおいて、自然からはかけ離れた人間中心的思考法でこうした教育を推進しようとする。しかし、そうした態度のうちに、自然を軽視し、同時に人間形成を根こそぎ台無しにする大きな問題が隠されているようにも思われる。

環境教育にとって問題なのは、近代的な目的合理的行為が破綻して環境問題を産出しているにもかかわらず、同様に目的合理性を有する環境教育という計画と発想で問題を解決しようとする科学的実証的アプローチが問題を複雑にし、深刻化させるという循環現象なのである。その悪循環からのエスケープ・ルートを模索しなければなるまい。それはほかならぬ教育学の課題であろう。

環境教育という「ダブルバインド」克服への方法論

では最後に、バワーズの論を再確認した上で、「ダブルバインド」克服の手がかりを手短にまとめておきたい。

第一に、バワーズの論の意義は、環境教育の「ダブルバインド」状況の意識化、即ちそれに関する「対話」の必要性を喚起したことにある。環境問題や環境教育に関して語りあう場と動機付けをもち、持続可能な定常的文化についての理性的な「対話」をはじめるうえで、「ダブルバインド」という用語の流通は非常に有意義な契機となるだろう。

第二の意義は、エコロジカルな危機は、技術、消費、進歩、個人を軸とした現代文化の価値と信念の危機であると見ることができる点である。まず、こうした価値観や信仰が、環境問題を生み出す源泉の一つになったという「反省」に立たねばなるまい。そして、文化的価値の注入装置としての括弧付きの「学校教育」で、エコロジカルに見て持続可能な社会と文化を構築する「価値観」に関して教えることとの問題点を、あくまでも理論上明らかにするプロセスが必要であることを教えてくれる。

第三の意義は、教育に関する価値論を再考する立場から、持続可能な社会や文化に向けての教育学的思考の再活性化が図られる点である。ラディカルな社会の変化の糸口は、環境教育についての社会的合意を得るプロセスや環境教育の教員養成に文化批判的思考の学習を導入する議論を刺激することにある。「対話」と「反省」と環境教育に関する教育学的思考の活性化が「ダブルバインド」克服の手がかりとなるであろう。

以上のように、文化的習慣となった行動に対する反省と、消費と技術中心の文化的・価値的信仰を見直し、社会における教育の在りかたを見直すことがバワーズによって主張される。その際、他の未開文化を見直すことによって、現在の文化の在りかたを見直し、環境問題の原因を文化的なものに還元して主題化することができる。してみれば、環境教育とは、「持続可能な定常化社会を単純再生産する教育」という見方もできよう。だが、定常状態を産み出すまでに至る過程を踏むことと、定常状態を維持することは別である。まずは、持続可能な社会に向けた教育が環境教育である。仮に、定常状態が成立したら、それを維持することもまた環境教育であるが、それは前者の教育とは異なる。持続可能な社会に向けた教育では、繰り返すが、どのような人間形成を目指し、どのような社会を構築するのかといった教育価値論が課題となる。それを次章以降で検討したい。

環境教育とは、モダニティの深層で結びつく合理主義や快楽主義への批判という意味からすれば、環境に対して破壊的な形式の背後にある「隠された前提と価値」が学校教育の場で教えられるのを防ぐことと表裏一体である。しかし、いわば「隠れたカリキュラム」を機能不全にするには、正面から、人間の生き方と価値を論じる視座と射程が必要であって、単なる批判では、環境教育は〈教育として〉成立しない。隠されたイデオロギーよりも強いイデオロギーによってしか、環境教育は成立し得ない。そのことをバワーズは教えてくれる。

第七章 「持続可能性」概念を基盤とした環境教育理念

第一節 「持続可能性に向けての教育」へのパラダイムシフト

「持続可能性に向けての教育」へのラベルの貼り替えの意味

本章の課題は、環境教育の新しい価値論を検討する手がかりとして、「持続可能性に向けての教育(education for sustainability)」の意義と特質を明らかにすることである。同時に、「○○のための教育」の可能性についても検討する。

こうした検討をする背景について説明しておこう。

1997年にUNESCOとギリシャ政府が共同で開催した「環境と社会：持続可能性に向けた教育とパブリック・アウェアネス」国際会議(International Conference on Environment and Society : Education and Public Awareness for Sustainability、通称テサロニキ会議)で出された『テサロニキ会議最終報告』(以下、『テサロニキ報告』と略記)の「宣言2」において、環境教育のこれまでの行動計画が不十分であることが明記された。『テサロニキ報告』では、「ベオグラード国際環境教育専門家会議」「トビリシ環境教育政府間会議」「環境教育と訓練に関するモスクワ会議」「環境と開発に関する教育およびコミュニケーションのためのトロント世界大会」という四つの会議での勧告や行動計画は依然として有効ではあるが十分に検討がなされておらず、リオサミット後の5年間、十分な進展がないとされている。(1)

『テサロニキ報告』は、環境教育に対して否定的ではなく、さらに推進して実効性を高めようとする建設的な報告である。とはいえ、1992年の「環境と開発に関する国連会議」で採択された行動計画「アジェンダ21」に対する苛立ちである。「行動計画が不十分」と断じて、環境教育の限界を見定めたのである。

加えて、『テサロニキ報告』は、環境教育を「環境と持続可能性に向けての教育」としてもよいとして、いわばラベルの貼りかえを推奨した。これまでの議論を踏まえて言えば、環境教育がダブルバインド状況に陥って、実効性があがらなかったからこそ、それを脱却するための方法論として教育的価値論を「持続可能性」に求めようとしたと理解できる。また、環境に加えて持続可能性という概念を持ち出して環境教育を拡充しようとしたのである。

この試みは成功するだろうか。この問いに答えるために、まずは「持続可能性に向けての教育」という用語で主張される内容が何かを明らかにしたい。

手はじめに、**"education for sustainability"** の訳語について一言しておこう。この英文は「持続可能性のための教育」と訳されることが多いが、ここでは「持続可能性に向けての教育」と表記する。前置詞 **"for"** を「～のために」という目的概念や到達地概念ではなく、「～に向けて」という方向性や目標概念に言い換える主たる理由は三つある。

第一に、環境教育と「持続可能性に向けての教育」の双方における教育目的を、問題解決だけに特化されるような誤解を取り払いたいからである。裏返せば、個人と共同体の真の成長の過程そのものを究極的目的とすることを表現したいからである。たしかに「~のための」という用語は多義的である。誰にでも教育目的の外部化という印象を与えるわけではない。それでも、あたかも人間存在の外部に「持続可能性」が存在し、そうした抽象的概念の実現化やいわゆる「持続可能な社会」の構築のためだけに、人間形成や教育があるという解釈をされかねない。そこで、そうした解釈をわずかでも避けることができる訳語を選択した。

第二に、「持続可能性」概念が歴史的社会的に固定された定常的な状況を指し示すのではなく、従来の歴史的文化的な発展の上に、手を加えてさらによりよい状態にすべき常に可変的な状況であるということと明示するためである。実体論的な「持続可能状況」が存在するという論もあろう。しかし、ある特有の個別的な持続可能状況を再現(もしくは実現)するために、「持続可能性に向けての教育」が存在するのではない。「持続可能性に向けての教育」が、新しい「永続可能性」に至るまでの民主的な過程を重視した教育(process-oriented education)であることを示すためにこの訳語を選んだ。

第三に、前置詞"for"を豊かな意味内容を含む語として理解したいからである。日本語の「ために」という目的概念としてだけではなく、"for"の意味を「~に賛成して、~に味方して」という意味で解釈したり、あるいは、関連の意味で「~に適した、~にふさわしい」という意味で理解したりするからである。そうすれば、「持続可能性に賛成する教育」や「持続可能性にふさわしい教育」という意味理解も可能となる。

「持続可能性に向けての教育」と表現することで、人間が自己の存在を、自然、環境、生態系、あるいは人間同士のかかわり合いのなかで把握し、「持続可能性」とともに自らの生を「豊か」だと感じる過程を重視する方向性を見出したい。

持続可能な発展と「持続可能性」概念

次に、「持続可能性」概念の由来とその意義について概観しておきたい。

"sustainable development"の概念は1970年代中頃から登場した。だが、この語の日本語訳をめぐっては論争がある。[2] "sustainable development"の"sustainable"については、「永続可能な」「持続可能な」「維持可能な」などと訳す場合もあるうえに、"development"の訳語についても、「発展」「開発」をはじめ「発達」という訳語が好まれる場合もある。持続可能な「開発」と訳せば経済発展のことをだけを指すという意味で解釈されるのを避けるために、持続可能な「発展」と訳される場合がある。訳語で誤解を招くのを避けるために原語をそのまま用いたり、カタカナでサステェイナブル・デヴェロップメントと表現されたりすることもある。

その後、「持続可能性」という名詞が日本で用いられるようになった。その契機は、国際自然保護連合による『世界自然資源保全戦略（World conservation strategy）』（1980）、および、環境と開発に関する世界委員会編集による『地球の未来を守るために（Our common future）』（1987）である。[3]「持続可能性」概念は「将来世代の必要性を満たす能力を害することなく、現在の世代がその必要性を満たすことができるような発展」を目指すことであると定義される。

つまり、「持続可能性」概念は、開発か発展かという訳語上の課題をクリアし、開発か保全かという二者択一をするという議論からも新たな止揚を求めて現れた理念である。かつては開発と環境保全が両立不可能なものであるかのように理解され、１９７２年のストックホルム会議では先進国と開発途上国との対立を招いた。そのため「持続可能性」概念は、開発と環境の両者の発展（維持）を含んだ理念として生まれてきた。ＩＵＣＮとＵＮＥＰ、およびＷＷＦ（現在は、World Wide Fund for Nature）は、共同で１９８０年に「世界環境保全戦略」を出し「持続可能な開発」概念を提案している。なぜなら、自然資源を枯渇させることなく、しかも、経済発展をあきらめることなく、持続的に開発もしくは発展が可能であるという考えの下に進められているからである。

よく知られているように、本来「持続可能性」概念は、生物学に起源を持つ「環境容量（carrying capacity：環境収容力）」という概念に由来する。「環境容量」は、比較的小さな地域や環境が収容できる生物の個体数についての生物学的概念から発生している。たとえば、イースト菌やヒツジでは、限られた環境における個体数の増加には限界がある。閉じられた有限の空間（場）という意味からすれば、この概念は地球規模の環境を考えるときにも応用できる。「環境容量」は、地球という閉じられた有限空間における、無限の資源消費拡大と経済発展の可能性を否定する概念である。

こうした出発点から、この概念は動植物の個体数に関する「計画学」の分野に応用されることになる。たとえば、第二次世界大戦直後の世界的な漁業資源乱獲への反省から、国際的な漁業協定のなかで、最大維持可能漁獲量（あるいは、資源の再生力の範囲内での年間最大産出量、maximum sustainable yield：MSY）の理論が用いられた。生物資源など再生可能資源の最大持続消費量を論議するうえで、ＭＳＹは現在も通用する資源管理上の概念である。自然支配という観点からすれば、環境容量を踏まえた「計画学」は、動植物に向けられ、次いで人間自身に向けられているといってよい。

したがって、「持続可能性」という考え方の核心には、「必要（need）」と「限界（limitation）」という二つの重要な概念が存在する。私たちには節度ある「基本的必要」の概念が必要であり、また、資源や環境についても「限界」があることを意識して生活しなければならないことを持続可能性概念は明示している。地球の友オランダ（Vereiging Milieudefensie）による環境容量に関する具体的提言[4]やダーニングの「どれだけ消費すれば満足なのか[5]」という警告は、これらの概念を踏まえたものである。

なお、「持続可能性」については立場の違いから多くの定義がある。大別すれば、現行の社会経済システムを維持し、同時にそのために科学技術と産業の発展を維持しながら、社会を環境に配慮したものへと改善する修正主義的な持続可能性の概念と、現在の経済システムと産業主義、科学技術の発展を根本的に見直し、人間の生活の質と価値観を抜本的に変容させるような改革主義的な持続可能性の概念がある。本書では後者の立場に立つ。経済発展や開発が永続的に可能であるとは考えられないからである。その際、「持続可能性」ではなく、人口と生産消費量の定常化を伴う「維持可能性」と考えたほうが適切だろうが、ここでは立ち入らない。

ところで、森田恒幸らは、既存文献を分析し、「持続可能性」は、①自然条件により規定され、②世代間の公平を強調し、③社会的正義を実現するものであると整理している[6]。また、『テサロニキ報告』では、持続可能な未来を実現するための必要不可欠な要素として、人口、貧困、環境劣化、民主主義、人権と平和、開発と相互依存などに関係し、統合するような「持続可能性に向けての教育」がますます必要であるとしている。林智は、“development”の意味を、開発・発展としてだけではなく、「人類の未来づくり」として解釈し、物質的なものだけではない豊かさや人間の能力開発を意味するものと考えている。[7] 西村忠行は、公平の原理、民主主義と参加の保障、基本的欲求の充足なども、「持続可能性」の実現のための不可欠な要素であるという。[8] このように、「持続可能性」概念は、一時的な経済発展の持続という意味ではなく、永続的な維持でもある。しかも公平性や民主主義といった価値も含むのである。

以上のように、「持続可能性」概念は、生物学的な資源管理概念から出発している。そして、人間とその社会についての理想的な在りかたを幅広く求める計画を含むのが「持続可能性」概念である。

第二節　「持続可能性」概念の教育学的受容

「持続可能性」概念の教育学的受容

では、「持続可能性」概念をどのように環境教育学に受容すればよいのだろうか。仮に、普遍性を持ち具体的な「持続可能性」が実現されるなら、それを現実化する科学的合理的手段としての教育が構想できる。換言すれば、個人の消費を必要性が認められる分量に制限し、資源・環境・生態系から受ける制限の範囲内で消費生活をするような社会システムを構築して、人間社会が環境持続性を保ちつつ社会的公正を実現する教育を、理論的にも制度的にも構築すればよいということになる。

しかしながら「持続可能性」概念は多義的で実体性を欠く。将来的にも「持続可能性」の実体化も普遍化もきわめて難しく、その指標を定めることは容易ではない。仮に、指標ができたとしても、その指標を達成する教育の効果を検証することは不可能である。それゆえ「持続可能性」を実体論的に捉え、目的を細分化し、それをひとつずつ目標として実現する教育には、多少の効果はあるだろうが根本的解決には役立たないのではないだろうか。

そのような難点があるにもかかわらず、「持続可能性」を規範学や当為論としての教育学の基礎づけの一つと見なし、教育活動における指導原理や教育的価値論として限定的に受容するなら、一つの方向性を示すことは可能である。つまり、人間の手で「持続可能性」に対して望ましいと評価されている行動を推奨することが、正当性のある行為であることが前提とされるなら、「持続可能性」に向けて実践する教育は社会的に認知され容易になる。この場合、人間と環境との相互関係についての一種の規範を与えようとすることになる。どのような規範なのかについては十分な注意が必要である。それでも、あくまで大枠の概念的な教育的価値論と見なすことで、地球環境問題を解決する環境教育を実践する教育者にとって道標になる。

それゆえに、「持続可能性」概念を、実体概念ではなく教育上の方向性を示すという意味での概念としての有用性を認める点から出発したい。また、目標概念であるところの「持続可能性」や「持続可能な社会へ向けての教育」は、環境問題に直面するときのニヒリズムへの逃避を回避する出発点に位置づけられる。

「持続可能性に向けての教育」の主張をめぐって

「持続可能性に向けての教育」を特徴づける要素として、社会問題の重視、さらに社会問題を改革の方向へ進めていこうとする姿勢がある。名称が示すとおり、環境持続性がこの教育の核心に位置することは当然であるが、「社会との関わりの重視」のなかに、この教育の根拠となる主張ともいうべきものが見出せる。[9] その主張とは以下のようなものである。

①理念：基本的価値としての公正と正義

②手続き：過程としての参加型合意形成と民主的意思決定

③担い手：主体としての市民と自律的存在

これらの三つの主張をやや詳しく説明しよう。

第一に、「持続可能性に向けての教育」は、「社会的公正」の実現を基本的価値とし、これを基調として展開されるものである。結果の公正と手続きの公正の両方が対象になる。「結果の公正」の実現とは、汚染されていない空気や水、衣食住、医療・教育・通信・移動・文化的活動にかかわる必要を基本的にすべての人々が満たすことができる状況を意味する。一方、「手続きの公正」の実現とは、何らかの意思決定が行われる際、その影響を被るすべての人々が、十分な情報公開が保証されるなか、その意思決定に参加する権利を不可侵のものとして行使できる状況を指す。

第二に、「持続可能性に向けての教育」は、教育学習活動を通じての民主的取り組みにほかならない。「結果の公正」を実現するための直接民主主義的な参加型意思決定過程の構築と発展に寄与し、また「手続きの公正」を自らの教育実践のなかに具現化するものでなければならない。このように、プロセスが重要である。エコロジーの思想と哲学、社会運動には、共生、多様性、相互扶助、政治的自由、基本的必要の充足、分権、平和などへの支持と、権力、支配、差別、暴力、競争、疎外などに対する根源的な否定が認められる。社会正義や公正に関連するこれらの価値も、民主的で開かれた合意形成過程と分かち難く結びついている。

第三に、「持続可能性に向けての教育」は、民主的な手続きを経て、持続可能で公正な社会を築き発展させていく主体を育てる市民教育としての性格を持つ。「持続可能な社会」の担い手として、十分な社会的責任と状況認識を身につけ、広範で長期的な視野を持って様々な問題に主体的にかかわっていく市民という存在の成長が期待される。他者、とりわけ社会的弱者に対する配慮のもとで、自分の未来を他人任せにはせず自分の手で決定できる市民形成を、「持続可能性に向けての教育」は明示的に射程におさめる必要がある。なお、市民による合意形成の過程で、科学的・合理的な思考と議論は、共感や連帯といった要素とともに、大局的な状況把握の水準を高め、即事的な利害対立を超えるうえで不可欠の役割を果たすものである。

重要なことは、公正であること、民主的であること、主体的・自立的であることといった社会関係にかかわる価値の先に、「持続可能性に向けての教育」を進めようとしている人々が別種の「豊かさ」を見出しているということである。すなわち、環境面で持続可能であり、多様な背景を持つ人々の主体的な参加が様々な局面で実現する公正な社会と、生きていくことのなかの「豊かさ」とのあいだに緊密な関係があるという認識が持たれているのである。

以上のように、「持続可能性に向けての教育」の一つの捉え方を提示してきた。むろん、この教育は、狭い分野に限定されるのではなく、きわめて多様な分野に広がるものである。たとえば、フィエン（John Fien）は教育の社会批判的志向性と生態社会主義の環境イデオロギーの統合的把握により、批判的教育学の立場からの環境教育を唱えている。彼は、価値教育と社会変革という明確な行動計画を持ち、新環境パラダイムの価値を育てるために、生徒らを環境問題の探究と解決にかかわらせ、それを通して、持続可能で社会的に公正な資源利用と生活様式を促すことを目指している[10]。社会的行為への主体的かかわりを促す政治リテラシーについて理解し、そのような態度と技能を身につけることが「持続可能性に向けての教育」において促される。

また、「持続可能性に向けての教育」の具体的な実践分野としては、消費者教育、国際理解教育、異文化教育、人権教育、道徳教育、ホリスティック教育などの様々な教育、および、すでにある教科教育のどの分野とも関連すると考えられる。このように「持続可能性に向けての教育」は、広い分野と関連を持つ。今後様々な教育において「持続可能性に向けての教育」が検討されるならば、持続可能で公正な社会の実現の可能性は豊かに広がっていくといえよう。

第三節　「持続可能性に向けての教育」への批判を考える

批判者の存在

上述のように「持続可能性に向けての教育」の意義を論じてきた。しかしながら、このような教育に真っ向から反対する論者が存在する。カナダのユーコン・カレッジ（Yukon College）で、環境哲学や環境教育のコースを担当し、カナダ環境教育学会の学会誌 Canadian Journal of Environmental

Education の編集者でもあった環境教育学者、ボブ・ジックリング（Bob Jickling）である。ジックリングは、「自分の子どもには持続可能性に向けての教育（Education for Sustainability：EfS）を受けて欲しくない」と断言する。[11]

１９９１年の第20回北米環境教育学会の大会で、彼は、「持続可能性に向けての教育」に対する批判的姿勢を鮮明にし、１９９２年には「なぜ私は自分の子どもたちに持続可能な発展（開発）のための教育（Education for sustainable development：ESD）を受けさせたくないのか（Why I don't want my children to be educated for sustainable development.）」というタイトルの論文を出した。[12] 地球サミットが開催された１９９２年というエポック・メイキングな年に、ジックリングが批判的立場を明らかにしたために、この論文は多くの反論を呼び起こした。一例をあげるとすれば、ジックリングの「持続可能性に向けての教育」批判に対し、ロッセン（Van J. Rossen）は、「なぜ私は自分の子どもたちに「持続可能な開発のための教育：ESD」を受けさせたいのか」という論文で、真っ向からジックリングへの批判を試みている。[13]

以下では、ジックリングの「持続可能性に向けての教育」への批判を踏まえて、再度「持続可能性に向けての教育」について検討したい。ただし、事前に確認しておかなければならないことが二点ある。

まずは、用語の違いである。前章で取り上げたのは「持続可能性に向けての教育」であり、ジックリングが最初の論文（１９９２年）で批判したのは「持続可能な開発のための教育：ESD」である。対象が異なるのではないかという疑問があろう。しかし、彼は両者を言い換え可能な二つの名称とみている。それゆえ、「持続可能な開発のための教育」と「持続可能性に向けての教育」とを区別せずに扱う。

前置詞"for"についても一言しておこう。繰り返すが、「持続可能性」にかかわる教育の目的を固定的・限定的なものと考えず、その教育活動をダイナミックで開放性と自由度が高く、プロセスが重視されるものとして構想したいという意図で「向けての」と訳した。そのため以下でも"for"を「向けての」と訳す。なお、ジックリングは、「持続可能性に向けての教育」を、固定的な教育外目的の達成のために教育を道具化するものとみている。その点には留意しておきたい。

確認が必要な第二の点は、教育の私事性概念をめぐる問題である。ジックリングが論文の表題に「私は（I）」と「自分の子どもたち（my children）」という表現を用い、ロッセンもそれを受けていることから、この議論は、私的なもので学術的に議論するべき論題ではないのではないかという疑念が生じる。しかし、ジックリングの一連の著作をみれば明らかなように、こうした表現は、誰彼なしに「持続可能性に向けての教育」に賛成という風潮のなかで自分だけはそれに与しないということを、やや皮肉を込めて強調したジックリングのレトリックに過ぎない。それゆえ、教育の私事性に関する議論には立ち入る必要性がないと判断する。

さて、ジックリングは、「環境教育研究者の最初の仕事は、自分自身の環境教育の理解を明確にすることである」[14]と述べている。ここで「持続可能性に向けての教育」を唱導しようとするときにも、同じことが要求される。すでに30年余りの歴史を持つ環境教育でさえ、ジックリングにいわせれば「概念的な混乱（conceptual muddle）」のただなかにある。[15]「持続可能性に向けての教育」についても同様であろう。しかし、環境教育とは何かという問いに迫るために、ジックリングの「持続可能性に向けての教育」批判論を導きの糸としてみよう。

「持続可能性に向けての教育」批判の概要――教育目的との整合性にかかわる問題

ジックリングの批判は、「教育」と「持続可能な発展」概念をめぐる点である。彼は、現在に至るまでの「持続可能性に向けての教育」に対する一連の批判論文を通じて、「持続可能性に向けての教育」は、教育の本来的目的から逸脱するもので、否定されなくてはならないと主張する。以下で彼の論を概観しよう。

ジックリングは、教育目的論については精緻な分析が必要で、一義的に定めることは不可能であると留保しながらも、一般的な方向性については広範な合意があるという。彼のいう教育の目的とは、知識や情報を単に受け取るだけでなく、それらの情報のあいだの関係性を理解し、批判的かつ主体的に考えて判断を下し、知的に周囲のものごとに参加できる人間を育てることである。端的に言えば、批判的思考、主体的判断、知的行動にかかわる能力の育成こそがジックリングのいうところの括弧付きの「教育」である。[16] ただ、ほかにも教育の本来的目的があること自体をジックリングは否定していない。だが、「持続可能性に向けての教育」への批判では、それが「教育」の本来的目的から逸脱するものであると指摘される。

ジックリングによる「○○のための教育（education for something）」批判をもう少し掘り下げるために、その後に出された単著の1992年論文[17]と1998年のスポークとの共著論文[18]を手掛かりにしてみよう。彼は、「教育」の本来的目的は、自分で考えるという能力を身につけることにあると強調する。したがって、「持続可能性に向けての教育」を含めて特定の目的を明示した「○○のための教育」

はこの点を侵害する。なぜなら、ジックリングによれば、どのような教育であれ「○○のための教育」は、あらかじめ決められた特定の考え方やイデオロギーを学習者に受け入れさせるために行われるからである。そのため「○○のための教育」は、本来的に思考の自由を侵す固定的で決定論的な価値を教育に持ち込むことになる。その点をジックリングは強く非難する。なお、ここでいう「○○のための教育」の「○○」とは、ジックリングの考える「教育」の本来的目的以外のところに存在する何らかの目的である。

ジックリングの「教育」の本来的目的の一つは、批判的・主体的思考や知的な判断・行動のできる人間の育成であった。それゆえ、広範で一般的な目的とは異なる次元の目的のための道具となる教育は、その目的如何にかかわらず、すべて本来的な教育目的からの逸脱として否定されるのである。

その後、ジックリングは、１９９７年論文[19]および２００２年論文[20]において「○○のための教育」批判を支える補論の一つとして、教育の開放性を尊重し保障するために、教育の定義や性格づけに関してなにが求められるかという議論を展開している。それらの論文では、ジックリングは、学習者が独立した批判的思考ができる知的な人間に育つために、教育課程をイデオロギーの枠にはめ込んではならず、教育内容も、「持続可能な発展」といったような教育の本来的目的の外部に設定された達成されるべき目的を持ち込んではならないと考えている。そのため、環境問題の解決につながる行動をみずから進んでとることのできる知識と技能を身につけた市民を育成するといった「望ましい」行動の変容を操作的に引き起こすことに反対している。つまり、そのような教育を実施すると、人々が知的かつ自立的に、思考し判断する能力の育成が阻害されるという。さらに、教育は、いつも固定的な意味で理解されるのではなく、関心を持っていたり実践にかかわっていたりする人々が広く定義をめぐる議論に参加できるものとして理解されてよいという。
もう一つ、ジックリングによる批判の柱がある。「持続可能な発展」が十分に確立された概念ではなく、「持続可能性に向けての教育」は環境教育に混乱を持ち込むだけのことに終わるというのである。ジックリングは他の論者の言説を引用して、この概念が、そもそも撞着語法（oxymoron）であり、互いに矛盾する解釈が数多く存在し、実現への道筋も明らかでないとされていることを示し、教育における有用性が疑われると述べている。[21]
しかしながら、ジックリングは、「持続可能な発展」について教えること、すなわち、この概念をめぐる論争や資源枯渇と環境汚染にかかわる危機的な状況について教えることは必要であると考えている。それでも、「持続可能性に向けての教育」というかたちで、この概念を目的として持ち込むことは認められないと述べる。[22] 関連して、ジックリングは、「持続可能な発展」や「持続可能性」を目的概念として環境教育に持ち込むことの危険性を指摘している。それらの概念は、１９９２年のリオ地球サミット（国連環境開発会議）以降の一連の国際会議でも確認されており、ある種の魅力を持ち流行に乗ったものであるため、環境教育に独占状態とも呼べる状況をつくり出す危険性をジックリングは指摘する。
この独占状態は、有用性を持つかもしれない別のアプローチや思想――たとえば、バイオリージョナリズム、ディープ・エコロジー、エコフェミニズム、土地倫理、環境正義、ソーシャル・エコロジーなど――に十分な関心が払われることを阻害し、また同時に、環境教育における持続可能性以外の重要な問題――たとえば、正義や公正、世界観、生態系における人間の位置、文化的・精神的・美的価値、本質的価値と使用価値の相克などにかかわる問題――が正当なかたちで取り上げられないまま放置される事態を招くのではないかと、ジックリングは懸念する。[23]

第四節　「持続可能性に向けての教育」批判論の批判的検討

ジックリングの教育論と「持続可能性に向けての教育」との整合性

前節で確認したジックリングの議論を、「教育の目的」と「持続可能な発展」概念のそれぞれにかかわる問題として大きく二つに分けて取り上げて考察しよう。

まず、ジックリングの「教育」の本来的目的に関する主張には違和感はない。一定の独自性と主体性を持ち知的で批判的な思考と行動が可能な人間を育てるという目的を彼は教育の本義とするが、「持続可能性に向けての教育」を具体的に構想していくうえで、この教育目的はまさに核心に据えられるべき考え方である。

したがって、「○○のための教育」は、彼の考える「教育」の本義と必ずしも矛盾するものではない。必要なことは、「○○」が教育の目的として妥当であるかどうかについての検討である。教育の基本的な目的は、知識を学習者に単に詰め込むことではなく、社会的な相関関係を理解して批判的な思考ができる人間を育成することにあるとするジックリングの考えは妥当である。しかも、教育の結果だけでなくプロセスも重視しようというジックリングの主張は支持できる。

ところが、ジックリングの「教育」観においては、教育目的の外部化、つまり「○○のための教育」という概念がすべて検討の余地なく否定され、「持続可能性に向けての教育」も道具的な教育目的観に基づくものとして、個別の検討無しにすべてが否定されてしまう。こうしたジックリングの考え方には難点があると言わざるを得ない。なぜなら、ここで主張する「持続可能性に向けての教育」は、主体的に批判的思考のできる人間の育成という課題に、まったく矛盾しないからである。むしろ、それを必須条件としていると考えてよい。ジックリングが「教育」の本来的目的と考える主体的批判的思考能力の育成は、民主的な市民社会では推奨される。そのような思考様式をもつ人間は市民社会に欠かせない担い手である。

他方で、批判的主体的思考さえ育成できれば、「持続可能な社会」が構築されるという「教育」論には大きな疑問が残る。学習者が、教育の結果、現在の理想や思想の到達点を批判的に乗り越えていくことをジックリングは期待しているが、それはあくまで彼が支持する民主市民社会的な価値観を深め発展させる方向であって、その大枠までを批判し否定することは想定していない。「○○のための教育」に対するジックリングの否定的なこだわりには、教育の本義はあくまで「学習者の成長」（知的かつ批判的な思考能力の育成）にあって、なにであれ「社会の理想の実現」（持続可能な発展の達成）の道具として教育が使われることがあってはならないという考えかたが反映されている。それゆえ、「持続可能性に向けての教育」を持続可能な未来を実現するための不可欠な道具（instrument）であるとしたテサロニキ会議での議論[24]などは、ジックリングが即座に全面否定するものであろう。しかし、前述のとおり「学習者の成長」と「社会の理想の実現」は本質的に不可分の関係で結ばれており、いずれか二者択一が迫られるものではない。

ジックリングの「教育」は、「主体的・批判的思考のための教育」あるいは「自立した市民育成のための教育」ともいえる。これは「民主主義のための教育」の根幹を形成する教育の一つといえる。彼は、最終到達地点（内容）よりも過程（プロセス、手続き）を教育のなかで重視したいと考えている。この考えには賛成できるが、「民主主義」や「持続可能な発展」という場合も、それらは固定的な最終到達点を示すものではなく、公開や参加といったダイナミックなプロセスがその内実の多くを占めるものである。

一般的に教育という実践は、まったくの価値自由な、いわば真空状態のなかでは起こりようがない。大きな文脈や枠組み、価値観のなかではじめて成立する合目的的行為である。価値が前提としてかかわらざるをえない教育の性格を踏まえるなら、「〇〇のための教育」という表現や発想そのものが不適当なのではなく、その「〇〇」が教育の目的として妥当かどうかの検討こそが肝要なのである。その検討のためには、民主的なルールと、主体的・批判的思考が必要になる。「〇〇」の内実を批判的に検証し、また創造的に構想していくことこそが、「持続可能性に向けての教育」の特徴の一つともいえる。

最後に、「〇〇のための教育」が、ジックリングのイメージする「従来の押し付け型教育」に必ずしも堕するものでないことにも留意したい。「〇〇」以外のものを否定するものではなく、あるいは教育活動のすべてをその一つの目的のために動員させるものでもなく、はるかに幅のある目標や方向を意図して実践されうるものである。多様な「〇〇のための教育」が並立し、個々の「〇〇のための教育」において広く関連する分野や思想が取り上げられるなら、ジックリングの危惧する「独占状態」は生じない。たとえば、テサロニキ報告書のなかでも、「持続可能性に向けての教育」は、貧困、民主主義、人権、平和といった広範な問題を統合的に取り上げるものとされている。[25]

環境教育における「持続可能性」概念の有用性

これまでの検討を踏まえれば、「持続可能性」概念は、「○○のための教育」の目的・方向性を示す程度には有用で、象徴としての価値も認められる概念であると結論づけられる。ジックリングは、「持続可能性」がいまだ十分な検証を経ることなくその意味について普遍的な合意が形成されていない概念であることを理由に、環境教育に持ち込むべきではないと言う。だが、今日では「持続可能な発展」や「持続可能性」という概念の意味するところにまったく一般的合意がないとはいえなくなった。また、「持続可能な発展」や「持続可能性」といった用語になると、概念上の混乱や不統一はさらに小さなものになる。それらは環境教育に支障を来たすまでに混乱に満ちた概念ではない。

もっとも、「持続可能な発展」や「持続可能性」にはいまだ完全な合意はない。そのことはジックリングの「教育観」からみて、むしろ望ましい。なぜなら、完成に至ることがないため一種の幅を持ち、ダイナミックな議論や創造的な提言の余地を常に残しているからである。言い換えれば、主体的・批判的・創造的思考を促し、プロセスを重視した教育を進める自由度の高さが生じるからである。

「持続可能性に向けての教育」の発展に今後欠くことのできない努力は、理想的な社会実現のため、今日の経済や政治、文化や価値観にどのような変革が求められるのか、さらに、そのような変革は具体的にどのような実践に基づいて実現が図られるのか、といった問題設定のなかに見出されよう。ジックリングは、「○○のための教育」という命名にみられる目的のスローガン化を教条主義に堕するものとして否定するが、その批判は必ずしも当たらない。もし「持続可能な発展」や「持続可能性」が知的に刺激的で、環境教育の現代的な課題に関する問題意識を喚起するものであるなら、そしてそのような役割を果たせるだけの裏付けを持つものであるなら、そこにシンボルやスローガンとしての役割を期待することも許容されよう。その旗のもとで自由闊達な議論や検討がなされるなら、シンボルとして機能し、情報や意見交換の場を提供することも、これらの概念の重要な役割と考えるべきである。

「持続可能性に向けての教育」批判を超えるための「参加」

ジックリングの「持続可能性に向けての教育」批判を超えていこうとするとき、どのような手がかりが得られるのだろうか。整理しておこう。

ジックリングには、子どもたちに批判的思考などを育てる教育さえ施せば、持続可能な社会が手ばなしで自然に実現するといった「教育観」に立っていた。その姿勢そのものを批判する必要はない。ジックリングの「教育観」においてさえも、持続可能性に向けての教育や学習といった意図的計画的な教育の取り組みすべてが否定されるわけではないからである。つまり、教育活動には、教育者が、それぞれの発達段階にある学習者に、特定の限られた情報を順序よく教える行為が必ず内包されており、その際には、教育者の目的合理性や計画性が隠し切れない要素として存在していると考えるからである。ジックリングの論文を検討することで、教育実践にすでに内包されている価値の存在を改めて明らかにすることができた。

この点を踏まえれば、次に問題なのは「持続可能性に向けての教育」の教育目的に関する論点は、その教育目的の合理性や妥当性に関して、教育者と被教育者のあいだでも、なおかつ、市民が、民主的で理性的な方法で議論したうえでも、ある教育目的に合意できるかどうかということである。教育が目的合理性と計画性、価値論に裏付けられていることを前提にすれば、「持続可能性に向けての教育」の教育目的に関する社会的合意が究極的には必要になる。そのときには、もちろん「持続可能性」とは何かというさらに精緻な議論や、持続可能性の実現のためにどのような目標を定めどのようなカリキュラムを置くかということが課題になる。

振り返れば、日本の学校における日々の教育実践にも、検討や批判のなされないまま、また社会的合意もないまま、ある特定の教育的価値がそれと明確に認識されずに組み込まれている可能性がある。そうした価値が、持続可能性の実現に反する要素――たとえば、経済成長優先主義への疑問の余地のない支持――を含む場合、環境教育は、現代の「エコロジーの危機」と呼ばれる状況に直接的に対応するものとしては、実際的な目に見える実効性に乏しいものになるだろう。そのようなとき、「持続可能性に向けての教育」という旗を掲げて、その実現のためのプロセスを議論していくことで、それぞれが持つ既成の隠された教育的価値の所在を明らかにし、その問題点を認識するとともに、新たな教育像を構築する道を切り拓けるのではないだろうか。

ジックリングへの批判を含め、「持続可能性に向けての教育」論を発展させていく試みには、文字どおりの持続可能性の実現という目標に向かうだけでなく、環境教育の妥当性を保障する「参加」というプロセスを育てていくという重要な意義が見出せる。現在、支配的で自明的とされる教育の方向づけを再認識し、「持続可能性に向けての教育」の規範的方向づけを合理的で合意できるものにするためのあらゆる意味での「参加」が重要である。

以上のように、本章では、「持続可能性に向けての教育」に向けて取り組むプロセスにおいて、広く市民が民主的ルールのもとに主体的批判的態度で臨み、「持続可能性に向けての教育」の姿を創造するという「参加」を教育的価値として位置づけ、無色透明ではありえない教育的言説の精緻化とその妥当性を追求することの大切さを確認した。

第八章　「ある存在様式」を手がかりとした環境教育理念

第一節　フロムの論を環境教育の理論に応用するために

環境教育の教育的価値論へのアプローチ

本章においては、環境教育に生かされることを目的としていない理論から、環境教育の価値理論を導出する試みを行いたい。第五章で示したように、一見、環境教育とはかけ離れた思想を手掛かりにして環境教育に応用できる理論を構築する「④他理論の応用」の試みである。もとより、こうした理論を環境教育の学理論に転用する研究は多様であるべきである。ある一つの理論がすべてを規定するわけではない。理論研究を豊かにする一つの試みである。

ここでは、フロムの論に従い、人間存在に本来的に根差す「持つ存在様式（the having mode of existence）」と「ある存在様式（the being mode of existence）」の内実に迫り、フロムの人間観から得られる豊かな示唆を、環境教育学の理念形成の一つとして生かしたい。本章はフロムの理論研究や人物研究ではない。環境教育の学としての位置づけを補完するものである。先んじていえば、「ある存在様式」が優位な社会的性格の形成という概念を、環境教育の理念のみならず教育一般のなかにも受け入れる可能性があるかどうかを探ってみたい。

フロムの基本的立場

フロムの没後40年余りが過ぎたが、彼が憂いていた通り地球環境が危機的な状況になっている。だからこそ、フロムの未来社会構築へのメッセージが、ますます時宜を得た現実的なものとなりつつある[1]。反面、高度に産業化された社会経済体制の維持と発展が、人類生存よりも優先されるかのような社会状況にあっては、フロムのメッセージもかき消されてしまうかのようである。だからこそ、あらためて、フロムの主張を確認し、その社会理論を環境教育学的にも教育学的にも受容したい。

卓越した精神分析の経験と社会心理学的手法による社会学研究を行っていたフロムは、人間存在の在りかたと社会の在りかたに積極的にアプローチしてきた。彼は、1955年に『正気の社会（The Sane Society）』[2]において消費による人間の精神的疎外を指摘した。加えて、地球環境への関心が高まりつつあった1976年には、『生きるということ（To have or to be ?）』[3]で、人類の肉体的生存の危機を指摘し、その回避を目指す心理的な方法を提示した。フロムは、消費や環境破壊による人類の肉体的心理的な危機を同時に超克するために、人間の在りかたについて道標を示した。フロムは精神分析学者でも社会心理学者でもあったが、同時に、人間が生きるということに意味と勇気を与えてくれる「人生の教師」[4]であった。

「人生の教師」として、フロムは、専門用語が並んだ難解な書物ではなく、一般大衆を対象とした平易で読みやすい著作を次々と刊行した。またシンプルでわかりやすい社会変革理論も展開した。彼独特の戦略で一般市民に対して大きな影響を与える著作を出版したのである。そして、現在支配的になっていて問い返すことが難しい生活様式や自己確認の方法とは異なった選択肢が存在することを示してくれた。フロムのなかには、人間とその社会をより善い方向へと導いて行こうとする強烈な啓蒙的姿勢を感じずにはおれない。

ただし、彼は神秘的姿勢や宗教的説得によって人間を触発しようとするのではない。彼自身の精緻な精神分析の実践や生活実践から導かれた社会心理学的な人間存在への洞察から、人間が本来有している思考力に訴え、そこで得られる自然な心理的共通理解を基盤にして、私たちに深い人間性の淵を覗かせる。たしかに、彼の社会理論は実証性には欠けている。しかも、哲学的あるいは社会学的な見地からみて総合的で完全な理論を作り上げてもいない。それだけに多くの批判もある。そうした批判を差し引いても、フロムのラディカルな「ヒューマニズム」は、人間の深遠な構造を私たちに理解させ、その善性に訴えかける。だからこそ、フロムの著作は世界各国でベストセラーになっている。ともあれ、フロムの理論が完全ではない点には留意しつつ論をすすめよう。

第二節　フロムの基本的立場と教育学への受容

フロムの位置づけについて

広く知られているように、フロムは１９４１年に『自由からの逃走（Escape from Freedom）』[5]で名声を博した。この書はナチズムが抬頭してきた要因を社会的経済的側面から分析するだけではなく社会心理学的側面から分析した書物である。その後、社会分析学者としての立場で、『愛するということ（The art of Loving）』[6]や『生きるということ』で流行の作家となった。大衆に人間の生き方を示そうとしたのである。さらに『正気の社会』や『希望の革命（The Revolution of Hope）』[7]では、政治学や社会理論へ一時的な侵入を図った「好事家」であると見なされている。[8]それゆえ、フロムは精神分析や社会心理学の研究の本流からやや距離を置き、研究者というよりも大衆作家であると受け止められがちである。ただし、だからといってフロムの論が浅薄であるということではない。むしろ、彼の広大な領域へのアプローチと、研究者ではなくもっぱら一般大衆を対象に著作を著した戦略には一定の情熱があったのである。

フロムを学問的立場から分類すれば、１９３０年から１９３８年までフランクフルトの社会研究所に属したことから、ホルクハイマー（Max Horkheimer, 1895–1973）やアドルノ（Theodor W. Adorno, 1903–1969）、マルクーゼ（Herbert Marcuse, 1898–1979）らと並んで、フランクフルト学派や批判理論の論者の一人として名を挙げられることもある。また、マルクス（Karl Marx, 1818–1883）とフロイト（Sigmmund Freud, 1856–1939）の発見を継承し融合した社会的心理学者として、渡米後、ホーナイやサリバンなどとともにネオ・フロイディアンの一人として称せられることもある。つまり、社会学と精神分析的分野の両方に跨がって、偉大な仕事をなし遂げた人であることが理解できる。だが、ここでは、フロムは「人生の教師」であるという側面をおさえておきたい。

フロムと教育学との関連

前述のようなフロムの理解からは、直接的にフロムを教育学と関係づけることはできないかもしれない[9]。しかし、以下の次の三つのことを明らかにした点から、フロムを教育学もしくは環境教育学の理論形成の場で援用することは可能である。

第一に、社会学的分析の見地から、人間は生活実践の際の社会的経済的条件によって性格学的に形成されるということ、第二に、精神分析の見地から、人間は無意識な生命力によって決定されるということである。第三に、「社会的性格（social character）」を精神分析的・社会的に意識化するために、すでに存在する教育の見方を豊かにしたことである[10]。端的に言えば、人間は社会関係の産物で生活様式および社会経済的構造と相互に力動的に形成しあう存在でありながらも、比較的客観的で不変な無意識的な力が人間にあって、その力との力動的関係によって人間が決定づけられていることが明らかにされた。

さらに、社会経済構造および生活体験と「社会的性格」、人間性の典型と「社会的性格」が、それぞれ二重のダイナミックな構造的関連にあることが指摘されたことが重要であろう。とりわけ、その過程で「人間性（human nature）」について、それを方向づける二つの潜在的な方向性を明確に示したことがフロムの功績である。とはいえ、それは表面的なあれかこれかといった二者択一の問題ではない。割合やバランスの問題である。

フロムには社会変革への強い情熱がある。フロムは、『自由からの逃走』で全体主義の心理的分析に用いた社会経済的構造の維持装置として受け入れられている社会的性格を、逆に社会変革への糸口としようとしている。つまり、フロムは、「人間性」への二つの潜在的な在りかたを示して、社会変革論へ展開しようとしている。だからこそ、環境教育学理論にも応用できる可能性が開かれている。その点を出発点としたい。

ただし、社会的性格論自体は精緻な理論ではなく、実証性の面からはあまりにも多くの問題点を孕んでいる。そのうえフロムは、大衆にも理解可能な形で論を進めようとするために、若干の無理があっても、敢えて二分法をとる。やや込み入った複雑な抽象的概念と若干の不整合さや矛盾はある。オールタナティブは社会的性格を決定づける方向性でもあり、人間存在の生の全体性——生活、社会、経済、文化、経験——の在りかたを左右する必須の二つのベクトルである。人間の社会的生活はこの二つのベクトルの和として示され、しかもそのベクトルが社会経済的構造と基本的生活体験によって影響を受ける。二者択一の問題ではなく重層的な構造を持つ点については十分留意したい。

そうした難点はあるが、大多数の人々がフロムを文字通りのヒューマニストと呼び、その概念を受容する。それは、彼の人間観が「人間性」について的確に描写しており、それを受け入れようとする素地を私たちが備えているからである。もっともこのようなフロムのいう「人間性」は、決して固定化したものではなく、無限に打ち延ばすことのできる柔軟な概念でもある。[11]

第三節　フロムの人間観と社会観

二つの存在様式

人間存在の二つの可能性は、対立した構造の中にあるのではない。どちらも生物学的に物を食べ住み着るといったように、持たねばならない人間の本性、および、少ないながらも食べ物を分けて食べなければ生きられなかった生物学的な条件に根差す人間の潜在的可能性である。『生きるということ』の前には、フロムは「自発性」と「受動性」[12]、「生産性」と「非生産性」[13]、「バイオフィリア」と「ネクロフィリア」[14]といった二つの要素で人間の善性・悪性といったオールタナティブを原理的に説明してきた。「ある存在様式」と「持つ存在様式」もこの延長線上にある。概念的な違いは多少あるが、フロムがそれぞれ人間の善性、悪性を示そうとした性質は、「ある存在様式」と「持つ存在様式」に集約できる。両者はともに人間の人間性そのものに含まれる潜在的な可能性（potentialities）である。そのどちらもが、人間の社会的性格を決定づける。

フロムの人間観の特徴は、意識的にも無意識的にも、善性を示す「ある存在様式」に価値をおき、それがやがて開花することを信じている点である。彼は、「人間は何が善であるかを知ることができ、そしてしかも自らの本能的な可能性を理性の力にしたがって行為することができる。人間性は先天的に善なのである」[15]と述べる。フロムにおける「人間性」は理性の援助を受けつつ善なるものへ向かって開花する先天的性質を有するものとして把握される。

したがって、フロムは社会学的相対主義に基づいてはいない。「正気の」人間や社会というように、人間存在に客観的な解答を与える普遍的な規範が存在するという規範的人間主義の立場に立つ。たとえば、彼にとっては「人間こそ万物の尺度」であり「人間存在より高次で崇高なものはない」[16]という人道主義的な立場（the humanistic position）をとるという言葉にも如実に現れる。こうした彼の立場からすれば、最終的には「ある存在様式」が優位となる人間と社会が出現するというユートピア像と、性善説に立つ「信念（faith）」と希望がうかがい知れよう。このような人間観はフロムの人生を通じてどの著作にも見受けられる。このように、人間存在に存する二つの「存在様式」を発見し、その一方にフロムが価値をおいていたという基本的理解の構図のもとに、「ある存在様式」と「持つ存在様式」を了解したい。

フロムの人間像

フロムによる人間の原像は、理性によって人間が自然からは解き放たれた時点においてはじまる。まず、フロムは人間を自然から切り離された「独立した存在者（a separate entity）」として把握する。次に、動物的な調和を失い、自然との「断絶（split）」を余儀なくされ、自己意識、理性、想像力を備え、それゆえに意識と理性の対象たる対自的な対象化された自己自身（himself）とも「断絶」するという。

このように実存にかかわる二つの「二分性（dichotomy）」をもつ存在者としてフロムは人間を規定する。そして、人間（man）は人間自身（himself）から「断絶」しながらも、それを克服しようと自己と自己との間に調和をもたらそうとする努力（striving）するという。この努力が人間の諸力の源泉であるとフロムは措定している。[17] この自己と自己自身の懸隔に芽生えた内面的「断絶」を克服するには、人間は無限の努力を強いられる。[18] しかも、自らのうちに備わった人間的諸能力を能動的に使うといった意味での「生産的（productive）」な努力の方向性はあるものの、フロムはこの努力の過程に終着点や完成を認めているわけではない。

しかし、「二分性」を克服しようとする努力によって、絶えず自らの内に働きかけ（act）、無限の連鎖のなかでその都度変容する自己に再び働き返す（react）ことで、極限的な意味での調和の状態に接近する。フロムにとって、こうした努力の方向が肯定されるものであれ、否定されるものであれ、「断絶」を埋め合わせたいという欲求は人間を成立させる基本的な強い情動である。したがって、この情動が皆無の人間は、フロムにおいては、精神病理学的に「正気」でないとされ、非人間的な状況に陥っているとされる。

この働きかけに成功した場合、人間は自己実現（self-realization）を果たし、彼の信念上、最高次の人間のあるべき姿となる。その場合の人間の働きかけが「ある存在様式」に根差しているといえよう。他方、自己意識が満たされず失敗した場合、「正気」を保つために、「二次的な自己意識（a secondary sense of self）[19]」を掴んで自分自身を救い、完全な非人間的化だけは回避するという。この場合の人間の働きかけは、「持つ存在様式」に根差している。フロムは人間の本質規定のうちに人間が直面する二つの状況の可能性を抱いている。そこに「ある存在様式」と「持つ存在様式」の原像を辿ることができる。ただし、フロムは不成功に陥った場合の人間を完全に否定してはいない。病的なものも正常なものも含めて、人間性のあらわれであるとフロムは言う。

フロムの社会的性格論

以上のようなフロムの「人間性」への信念はそれだけで了解されるのではなく、前述したように、社会的性格論と社会変革論ともいうべき論とともに総合的に吟味されねばならない。フロムの社会的性格論によれば、社会的性格を媒介として、ある社会の社会経済的構造とその社会の人々の基本的生活は連動し、社会集団の「安定剤（cement）」ともなれば「起爆剤（dynamite）」ともなる。とはいえ、この社会的性格は全く自由な可変的性質をもつものではない。フロムのいうように、人間自らのうちに破壊できない性質（qualities）をもち、それによって社会的性格も構成されていると理解される。[20] かつてナチズムの分析において、フロムが最初に社会的性格論で明らかにしたのは、ある時代におけるある一つの集団に共通の性格の母体であった。[21] しかもそれが、特定の社会の人間の性格とエネルギーをその社会が持続するように機能するといった機能面での「安定剤」であるという見解が中心であった。しかし、この共通の社会的性格の母体の母体である「母・母体」は、さらなる抽象的な高次の人間性の構成要素の概念であり、彼の「人間性」の中核でもあり、それゆえに母体そのものである。とすれば、「ある存在様式」も「持つ存在様式」も、社会的性格論から一貫したフロムの人間性理論の中心である。社会的性格は人間存在に本来的に根差す二つの基本的な存在様式、すなわち「持つ存在様式」と「ある存在様式」の支配する割合に応じて変化するという点でも、そのことは具体的に確認できる。[22] 両者はともに「二分性」を克服しようとする人間の努力に由来する。フロムにおいては自己と世界を理解しそれに意味付けをしようとする人間の生への努力の方向性は、「持つ存在様式」と「ある存在様式」という二つのベクトルで決定づけられているのである。

そして、「持つ存在様式」の方向づけが、社会構造によって優位に決定づけられ、経済的社会的な現実に基づいた大衆の生活体験になっている場合、そのとき人間は、"I am = what I have and what I consume"（私はあるイコール私が持つものと私が消費するもの[23]）という形で自己を認識する。このように「世界に対する私の関係が所有し占有する関係であって、私が私自身をも含むすべての物を私の財産とすることを欲する[24]」関係が生活の基本的関係であるとき、その態度は「持つ存在様式」に優位に支配されているとされる。それが、前述した「二次的な自己意識」を手段とする、非人間化状況を防ぐ方策である。そしてこうした疎外された自己感により、「持つ存在様式」が優位となる社会的性格が成立する。それが現代社会の社会的性格である。

しかしながら一方、人間が真の本性から導かれた生産的仕事・愛・思いやり、他人と与え分かち合い犠牲を払う意志によって「我あり」と感じるとき、人間はすでにもう一つの「ある存在様式」を経験しているという。フロムの言葉でいえば「ある存在様式」とは、「人が何も持つことなく持とうとすることもなく、喜びにあふれ、自分の能力を生産的に使用し、世界と一つになる存在様式[25]」である。前述したように、これらはフロムが従来「生産的」な性格として表して来た性格構造であり、のちに「バイオフィリア」として説明する、人間の善性を示す重要な一要素である。しかし、「あること」への道はナルシシズムと自己本位性を突き抜けることが条件であるとフロムが述べるように[26]、それはただ単に人間が個としてそこに「ある（to be）」だけでは、満たされ得ない。必ず他者との人称的な「生産的関係性（productive relatedness）」――つまり何かとつながって存在すること（to be with something）――によって、敢えて具体的にいえば、他者への思いやりや犠牲、分かち合いや奉仕といった人間的行動、あるいは人間の本来あるべき力を発揮した結果得られる疎外されていない「生産的仕事」に対する「関係性」によって満たされる。つまり、自分自身以外の疎外された物を「持つ」ことが、孤独な一人だけの自己確認であるのに対し、「ある」ことは、分かち合うことに始まる人間的な自己や他者との「関係性」の上にあるのである。

二つの存在様式の違い

このように概観すればふたつの「存在様式」は掛け離れた性質の様式であるかのように思われる。しかし、最初に確認したように、フロムにおいては両者とも人間存在に内在する二つのベクトルであり、どちらかが優位となるだけで、その一方が増加すれば他方が減少するといった性質を帯びている。とすれば、「ある存在様式」に至るのには、まず「持つ存在様式」を認識し、変わる意志と勇気をもち、それを減らす実践を伴うことが必要である。しかもその際には、自己中心性やナルシシズムから脱却し、取得的な存在様式でのモットーである「わたしはある＝わたしが持つもの」といった心理的定式を打ち破ることが必要である。そして「わたしはある＝わたしがする（I am what I do）」という真の自発的な人間的行動をなしえることが必要である。しかも、疎外されていない行動をとり、単純に「わたしはわたしだ」ということではなく、それ以上に、「生産的関係性」のなかで“I am what I am”ということを知るということが「ある存在様式」なのである。[27]

このように、単に自己、消費財、快楽、他人を象徴的な意味で「持つ」ことで、「われ在り」という自己感を持つのではなく、真の疎外されていない自己へと、その自己の存在を「持たれていない」あらゆる世界に関係づけるといった「関係性」が、「ある存在様式」の中心である。従来「生産的」

といった用語でフロムが示して来た「人間性」の在りかたを、より概念化して抽出した人間存在の本性が「ある存在様式」であるといえよう。そしてこうした「関係性」は、「関係性」の網の目である共同体や社会で満たされ得るであろう。[28] そこでこそ肯定的な「正気の」自己確認が可能となるのである。

しかし、現実的には「ある存在様式」の理解にはさらなる困難が伴う。その一つは、フロム自身も「ある存在様式」は言葉では表現不可能で経験を分かち合うことによってのみ伝達可能としているように、[29] 共通体験を記述できないという点にある。とすれば、「ある存在様式」に基づく行動様式である「あること（to be）」はどのようにして経験されると理解すべきなのであろうか。

この点を検討するには、フロムの遺稿管理責任者のライナー・フンク（Rainer Funk, 1943-）の次の叙述が参考になろう。「持つ存在様式を生み出す経済的現実を変えることなしに、個人がただ知覚・意識における精神的な福利と発達、自分自身の分析を求めればよいといった意味」で誤解されるのをおそれていたために、フロムは"TO HAVE OR TO BE ?"の植字原稿から「あることへの歩み（Steps toward Being）」とでもいうべき一章を省いたという叙述である。[30] この叙述から、「ある存在様式」が人間存在に根差す存在様式ではあれ、現代社会では十分に体験されず、社会の変革と同時に真に理解されると解釈されよう。こうした社会変革や力動的な社会関係による社会的性格の変化を度外視して、「ある存在様式」を真に理解することは不可能であるといったフンクの見解は、フロムの基本的な社会批判の立場に鑑みても十分な説得力がある。そのことは逆に、「ある存在様式」を理解するうえでの困難さを増加させることになり、容易にはその困難さを払拭できないように思われるかもしれない。

繰り返すが、「ある」行動様式は私たち人間の生物学的な本性に根差している。「ある存在様式」に基づいて、人間が日常生活で「喜び（joy）」を見いだしたり、他者との「関係性」に一体感を感じたり、「生産的」な仕事に充実感をもったりする場合は多々ある。とすれば、早期から「持つ存在様式」に根差す人間の性格構造の在りかたを漸次縮減するといった方策と、このような「あること」を体験する環境、たとえば野外活動やキャンプ活動、自然体験活動、ボランティア活動や福祉活動などの、心暖まる小さな共同体での経験で「あること」を共に経験することがその理解への援助となる。こうした経験は、産業社会のプログラムを再生させる装置の中では評価されないであろう。しかし、「ある存在様式」が優位に支配する社会的性格を形成する上で、その援助となるような教育にはかなりの現実性があるように思われる。そうした「あること」の端緒はどこにでも豊富に見受けられるからである。

たしかに、人間と社会とのダイナミックな相互関係や、「ある存在様式」が社会変革によって真に理解され実践されるという点を無視することはできない。しかし、両「存在様式」は人間の性格的な存在者としての在りかたを方向づける基本的な人間の様式である。それはすでに私たちの内に存在する。そうした信念に基づき、「ある存在様式」優位の性格形成を目指すことが、今後の教育活動のなかに求められてもよいのではないだろうか。

第四節　「ある存在様式」を基盤とした環境教育を求めて

ある存在様式と社会

社会システムに関していうならば、当然こうした「ある存在様式」と「あること」の機能は、社会変革への「起爆剤」となる。当初、心理的メカニズムとしての社会的性格を想定した段階では、未来社会への「起爆剤」となる役割は指摘こそされ重視されてはいなかった。しかしながら、フロムは晩年には「あること」が優位である人間の性格構造の変化を提唱する。つまり、社会的性格は、基本的生活体験と社会経済体制を変革する可能性を秘めているといえるだろう。

以上のようなフロムの社会的性格論と二つの存在様式、ならびに、環境教育との関係を図式化すると次の図のようになるだろう。

図2　フロムの社会的性格論と二つの存在様式の関係

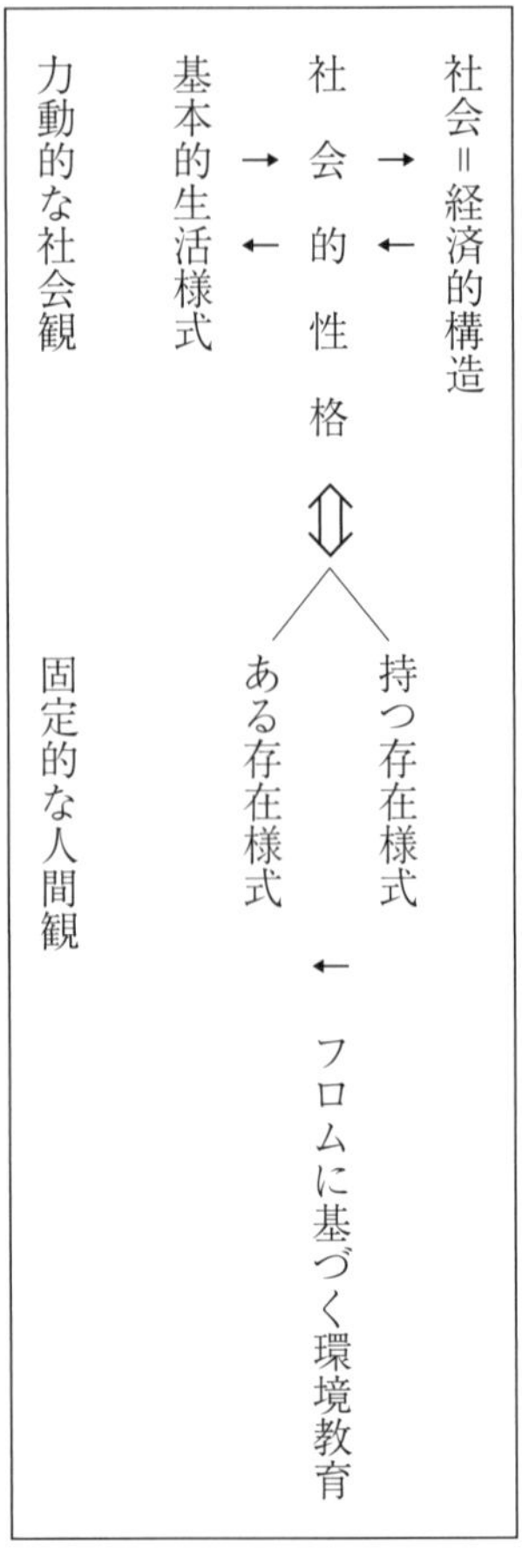

図2の上部がフロムの力動的な社会観である。右側中央の社会的性格は、基本的な生活様式、すなわち生活習慣やライフスタイルと社会＝経済的構造との相互関係によって形成されることを矢印で示している。高度産業社会は、その社会構造の安定のために欲望し所有し消費しようとする性格構造を生み出し、そうした浪費的ライフスタイルを定着させる。結果として、そのようなライフスタイルは、産業社会を安定化させる。したがって、社会的性格は、社会＝経済構造の接着剤としての役割を担う。換言すれば、産業社会システムは、教育システムというサブシステムを創出し、包摂し、機能させることで、そのメインのシステム自体の維持を企図している。

フロムの指摘は日本においても当てはまる。1960年代の高度成長期以来、1990年代にバブルがはじけるころまで、日本の教育システムは「持つ存在様式」が優位な性格形成を行ってきたといっても過言ではない。優れた学業成績を収め、ステイタスの高い大学を卒業し、いい会社に就職して高い給料を獲得することが暗黙の裡に求められてきた。そして、現在はそうした傾向はやや希薄化しているものの、豊かで快適で便利な消費生活ができれば幸せであると考える人々が存在した。金銭や財産、消費財、快楽を象徴的な意味で「持つ」ことで「我在り」という自己感を持つ人々が多かったことは間違いない。結果として多くを生産し、消費し、環境問題を生み出してきたといえよう。

目を転じて、図2の下部の固定的な人間観を見てみよう。そこには、フロムの精神分析学に基づく人間観が示されている。大衆にわかりやすい論理で語りかけようとしたフロムは好んで人間の善性と悪性を示すために二元論を用いてきた。彼の後半生では、最終的にそれが「持つ存在様式」と「ある存在様式」として示されている。そのどちらが優位に立つかによって社会的性格が決定されるという。

だが両「存在様式」は掛け離れた性質の様式ではない、両者とも人間存在に内在する生命性のベクトルであり、その一方が増加すれば他方が減少するといった性質を帯びている。二者択一などではない。

図2の最下部に、フロムに基づく教育の方向性が見出せる。「持つ存在様式」ではなく「ある存在様式」が優位な社会的性格を形成することが環境教育である。共に在ること（to be with something/somebody）で生きる社会的性格の形成をし、持つこと、つまり、消費することで自己確認をする人間を減らせば、総消費量も総生産量も減少し、産業社会の構造も変わるという見方ができる。「持つ存在様式」が優位な社会的性格の支配的な社会から「ある存在様式」が優位な社会的性格が支配的な社会を形成することができれば、環境問題解決の実効性も保証されるであろう。社会全体が持続不可能な社会から可能な社会に変化する。つまり、この場合、環境教育は社会の「起爆剤」となる。

今のところ「持つ存在様式」が優位な社会的性格を産み出している教育システムは、産業社会のセメントとして機能している。だが、それを変革することによって、社会経済的構造と生活習慣ひいては生活環境をも変えることができる。このように環境教育には、フロムの社会的性格論が援用でき、「ある存在様式」の意味を規範的に解釈することで、それを環境教育の人間形成における教育的価値論として理解できる。

社会の経済的発展よりも人間の幸福を優先する

フロムの言葉を約言していえば、こうした危機的な地球環境に直面し、人類の肉体的物理的な生存がまさに人間の心理的な変革、ないしは価値的な変革の度合いにかかっていることが分かっていないがら、現在までさほど多くの変革のための努力が払われてはいない。それは、個々の人間にとってためになるものが重要視されているのではなく、経済の発展と産業社会の持続こそが最優先されてきているからである。しかも、人間の消費スタイルとライフスタイルの根本的変化は、現代人がそれによって獲得して来た「持つ存在様式」による自己確認の方策を捨てること、および、消費行動の減退によって現代産業社会システムを捨てることに直結するからでもある。仮にもし生活面での消費制限を推進するなら、「持つこと」での自己確認が不可能となり、さらに現代社会システムが根幹から揺り動かされることになりかねない。よって別の存在様式を抑圧し、新しい社会システムへと飛躍する勇気を持てずにいるのである。

しかも、「持つ存在様式」とともに、産業主義社会を支える心理学的前提、すなわち「徹底的快楽主義（radical hedonism）」と「自己中心主義（unlimited egotism）」――つまり、利己心と貪欲さはこの社会システムに調和と平和をもたらすという仮定のもとに、人生の目標が幸福、すなわち最大限の快楽であるといった心理的前提――を根底から覆されなくてはならない。それはなかなか困難である。それゆえに、個々の人間の変化だけではなく、社会全体の変革が必要となる。

「ある存在様式」が優位な人間形成の可能性を探る

これまでの議論を踏まえて言えば、環境教育の人間形成の方向性は「持つ存在様式」に根差す人間の社会的性格の方向づけを弱体化させ、「ある存在様式」を優位にした方向性を強調するということになる。社会的性格は教育を通じて形成される部分が多い[31]。教育と社会的性格の形成とは密接である。

持続可能な社会を構築するのであれば、このまま「持つ存在様式」を優位にする基本的生活体験を教育の中心におくことは疑問視される。そして「あること」を体験し、「ある存在様式」を優位とする教育の必要性が認められるだろう。

以上のように、「持つ存在様式」を乗り越えて、未来社会の人間を形成していくとすれば、別の「生きかた」を希求していかなくてはならない。フロムの「ある存在様式」は環境教育での性格形成や社会の問題が解決する糸口となる。

以上のように、フロムの社会的性格論と存在様式論は、環境教育と持続可能性を実現する教育の理念となる。今後、環境教育は、より広い領域で人間教育として倫理的心理学的に位置付けられ、道徳的指導の観点と性格形成の観点から実践されるべきである。ただしその教育を実施する際には、人間存在の在りかたと生き方を根底から再考し、社会経済的構造への影響を十分に考慮できる人間形成を目指さなくてはならない。その際、本章で論じたように「ある存在様式」による社会的性格の形成が重要な要素となる。今後、環境教育が「あること」の体験を通じた社会的性格の形成に繋がれば、新しい倫理観・社会観・人間観を身につけ、自然環境と社会環境に対する理性的態度をとれる人間を育てていける可能性が開けている。

第九章　絵本のなかの既存型環境教育を求めて

第一節　問題の所在――環境教育にたいするアンビバレントな感情を一人称で「物語る」

これまでとは違う語り方

わたしはこれまで「環境」と「教育」の双方を改革する「環境教育という物語」を語ることに大いに魅了されてきた。だが、学校における環境教育が手段化され、行動実践志向に傾くことに違和感を抱いてもいる。科学的思考を基盤に、環境問題を解決する人間を工学モデルで「制作」するという環境教育の「語られかた」は、わたし自身が語りたかった「語りかた」とかけ離れつつあるように思えてならない。

なぜ、環境教育の推進者であったはずのわたしが、環境教育にたいしてアンビバレントな感情を抱き、ときとしてためらいがちになるのか。その問いにできるだけ正確にこたえるために、環境教育そのものを論じるよりも、その「語られかた」を検討してみたい。そして、わたし自身が語りたいと思っている「もう一つの環境教育」を語ってみよう。

ここでは、環境教育という研究対象についてできる限り冷静に論じるのではなく、環境教育とわたしとの関係について、エッセイ風に物語ってみたい。なお、本章で平仮名で記述する「わたし」(以下では括弧なしに表記する)とは、この章で述べているわたし自身が物語の語り手であることを認識しているからである。

メカニカル＝テクニカルな「環境教育という物語」の語られかた

環境問題は、産業社会の発展とほぼ同時に発生しはじめ、その科学的＝実証的な原因究明にはかなりの時間が費やされた。そのために問題が深刻化し、犠牲者は多数におよび自然破壊も取り返しのつかないまでになっている。それでも、狭い地域の環境問題の場合、その因果関係はある程度まで説明可能で、責任の所在が明らかであった。幸運なことに、部分的であるにせよ環境破壊の結果が可逆的であったため、多少なりとも問題解決が図られている。(以下では、両者が表裏一体で不可分であるという意味で、科学的＝実証的という用語を用いる。)

他方、地球温暖化やオゾン層の破壊などに代表されるような地球環境問題については、科学的＝実証的な研究が困難である。そればかりか、「被害—加害」関係が入り乱れているために、責任の所在を明らかにすることも困難である。環境にたいして不可逆変化を引きおこすこともある。これらの点で、地球環境問題は地域的な環境問題とかなり異なっている。

それにもかかわらず、地域的な環境問題の対策のたてられかたと同じような方法で、地球環境問題の解決策がたてられてきた。その一つが教育であった。

科学的な見地からみて、環境によいとされる行為を学ぶ機会が必要であると人々が考えることは自然のなりゆきである。実際に、地球環境問題の解決を教育目的とした科学的な環境教育の理論が構築され、問題の発生のメカニズムを理解するための科学的認識とメカニカルな予防策としての行動をうながす教育実践が重視された。

そうしたメカニカルな思考に加えて、環境教育の理論家と実践家たちの多くは、科学技術を実地に応用して自然の事物とその過程を改変できるという工学モデルを環境教育に持ちこんだ。その際、人間形成の過程に環境教育を導入して、「環境にやさしい」人間をテクニカルに「制作」するという工学モデルがまぎれこんだ。その背景には、そうしたテクニックが開発可能であるというテクノロジーへの暗黙の信頼もあった。

こうして、現代社会の生活様式を環境の「持続可能性」の観点から科学的に見なおし、「環境容量」を理論的計量的な根拠として、人間の行動を管理して新たな社会システムを構築する教育計画が可能であると考えられるようになった。まるで「環境にやさしい人間の制作テクニック」が開発可能であるかのように、テクニカルに環境教育が語られてきた。

ここではメカニカルとテクニカルという言葉を用いたが、もちろん、両者は明確に区別できるわけではない。加藤尚武の指摘を踏まえていえば、両者の底流には、経済的コストに関する最大の効率を求めるという経済効率至上主義的な価値観や、人間の目的合理性に合わせて、自然そのものと自然の過程を人間の手で変更してもよいという人間至上主義的な価値観、そして、メカニカルな意味での「真理」の解明と技術の更新はそれ自体「善」であるという技術至上主義的な価値観がある。[1] そこで以下では、両者が表裏一体で不可分であるという意味で、メカニカル＝テクニカルという言葉を用いたい。たとえば、メカニカル＝テクニカルな環境教育のプログラムでは、幼児期の自然体験が不足しているることが地球環境問題を発生させているという理由で、「自然体験学習」のテクニックを開発しようとするだろう。それは「自然とのかかわり」それ自体を重視した自己充足的な自然体験学習とは異なり、「目的―手段」思考にもとづくメカニカルな人間形成観を色濃く反映している。また同様に、たとえば、環境に配慮した消費をする消費者を育てるという教育目的だけのために「ゴミ学習」をすすめる場合、従来の社会科でのゴミ学習よりも狭量な教育になるのではないかという不安が生じる。環境によい行動をする人間をテクニカルに形成しようとする企図が持ちこまれすぎると、そうした「ゴミ学習」が広がりと深まりをなくして矮小化される懸念がある。

このようにみてくれば、わたしがアンビバレントな感情を抱いてきたのは、どうやら「環境教育という物語」のメカニカル＝テクニカルな語られかたであるように思われる。そこで、もう少しメカニカル＝テクニカルな環境教育それ自体の性質を検討してみることにしよう。

第二節　メカニカル＝テクニカルな環境教育の特徴と限界

ワクチン戦略としての失敗

ある社会問題が生じた場合、その「ワクチン戦略」として問題解決を教育の社会的機能に求めようとする教育構想が示されるのは珍しいことではない。消費者教育や人権教育、国際理解教育、エイズ教育などもその一つとして数えられる。第二章でも見たように、環境教育は社会変革への希望のプロジェクトだったのである。

すでにみたように1960年代になって地球環境問題が科学的＝実証的に認識されはじめ、社会問題となってきた。そのため、「人間環境宣言」(1972年)、「ベオグラード憲章」(1975年)、「トビリシ宣言」(1977年)などにおいて、地球環境問題解決の「国際的ワクチン戦略」として環境教育が構想された。環境教育が目的的な教育戦略であったために、計画的な性質を帯びることになった。環境教育を推進するための計画策定とその計画母体の必要性から、「国連環境計画」(1973年)と「国際環境教育計画」(1975年)が登場し、環境教育を計画的に推進することになった。日本でも、「環境基本法」(1993年)と「環境基本計画」(1994年)が出されているように、環境教育はあらゆるところで綿密に計画されている。

つまり、環境教育は、科学による地球環境問題の発見とメカニカルな対策の必要性(物語の明確な起点)によって生まれ、地球環境問題を解決するテクニックの開発と計画(物語展開の中間部)という段階を経て、環境教育を手段とした地球環境問題の予防と解決(物語の終局部)が可能であるという科学的・国際的・計画的な教育の「物語」として語られてきた。

その際、環境教育を生み出したメカニカル＝テクニカルな「物語」は、環境教育それ自体の性質を特徴づけることにもなった。メカニカル＝テクニカルな環境教育は、「RDDA(研究・開発・普及・採用)アプローチ」(RDDA : Research, Development, Diffusion / Dissemination, and Adoption)によって発展してきた。[2] たとえば、「RDDAアプローチ」とは、教師や研究者らが、ゴミや水、空気や生態系などの環境問題について研究し、そうした環境問題に対応するための教材やカリキュラムを開発したり、教師用のマニュアルを作成したりして、それらを普及させて洗練し、できるかぎり多くの学校でその教材やカリキュラムやマニュアルを採用させるという環境教育への接近法である。

たしかに、意欲的な教師や研究者たちが教材開発をし、環境教育を広く普及させるという点では、「RDDAアプローチ」は有益なテクニックであった。このようにして環境教育のプログラムやテクニックが開発されてきた。

しかしながら、「RDDAアプローチ」には、環境に関する科学的＝実証的な情報をたんに伝達し、開発された教材やテクニックを受動的に消費するだけで、無批判にテクノクラシーへと盲従する教師を生み出しかねないという危険性がある。いいかえれば、メカニカル＝テクニカルな環境教育を無造作に実践する教師たちは、環境について自ら「教える―学ぶ」豊かな力を失うばかりか、テクノクラートに頼ろうとすることで自主性と自立性を失う危険性がある。

メカニカル＝テクニカルな環境教育の性質の根底にあるのは、基本的には機械論的な自然観である。そして、それにもとづいた機械論的な人間形成観と技術至上主義、さらには環境教育を政策的な手段とみなす目的合理主義も見落とせない。

もっとも、こうした基本的性質が、環境教育そのものを推進する原動力とはなったが、反面その弊害がではじめているように思われる。そこで、メカニカル＝テクニカルな環境教育の問題点をもう少し考えてみよう。

メカニカル＝テクニカルな環境教育の〈ad hoc〉な性質

地球環境問題の科学的な実態把握と因果関係に関する議論は尽きない。したがって、メカニカル＝テクニカルな環境教育は、地球環境問題についての科学的根拠を失ってしまえば、その出発点がゆらぎかねない教育である。そればかりか、予防策や解決策についても、科学の進歩による反証の可能性は否定できない。それゆえに、環境改善の実効性を求められるはずの環境教育の効果も、科学的＝実証的に完全には保障されない。

科学が進歩するにしたがって、理論の反証可能性の度合いが増加するという反証主義科学論的な立場から環境教育をみれば、無限の時空での科学の完全性が保証されないかぎり、メカニカル＝テクニカルな環境教育は〈ad hoc（その場かぎり）〉な仮説にすぎない。環境教育という物語は、出発点ばかりではなく終着点もあいまいで不完全なプロジェクトということになる。

メカニカル＝テクニカルな環境教育の〈ad hoc〉な性質は、実践の場の教師たちを困惑させている。教育が成り立っている通常のコミュニケーションの場面と環境教育の一場面をくらべることで、そうした困惑を描き出してみよう。

たとえば、生徒が学校内でタバコを吸っている場面を目の当たりにした教師なら、「それはしていいことか、悪いことかよく考えなさい！」という教育的なメッセージをだすことがあるだろう。もちろん、生徒の喫煙は指導の対象になる。この受けこたえのとき、生徒は頭をかきながら、「よく考えます」などとこたえることがある。しかし、いくら生徒が「よく考えた」結果であっても、それが教師の頭のなかにある「こたえ」と同じでなければ、教師が納得しないことを生徒はよく知っている。

理由は簡単である。喫煙の場合、メッセージの内容と形式はともあれ、教師は「タバコを吸ってはいけない」というメタレベルのメッセージを強く持っているからである。しかも、そのことを生徒も了解している。それゆえに、学校における「教師—生徒」という教育的関係においては、生徒は自分がタバコを吸うべきではないという事柄を了解しているかのようにふるまう。どれほど「よく考え」ても、期待されている「こたえかた」は両者にとって自明である。

しかし、学校における環境教育で、これと同じ事態が生じるだろうか。

たとえば、ペットボトルでジュースを飲んでいる生徒に向かって、教師が「それはしていいことか、悪いことかよく考えなさい！」というメッセージをだす場合のことを考えてみよう。もちろん、ジュースを飲むのに、ペットボトル、アルミ缶、スチール缶、紙コップ、あるいは持参した容器などのうちどれが一番いいのか、あるいは飲まないほうがよいのか、その判断を環境負荷を手がかりとして考えてみることができる。

しかしながら、教師も生徒も、環境負荷計算の妥当性を検証するメタレベルの判断基準をもっていない。もっていたとしてもメタレベルの判断基準が正しいかどうかはわからない。つまりはメタ・メタレベルの判断基準となると無限遡及に陥る。再生不可能な資源の埋蔵量やリサイクルの可能性まで視野に入れて、ペットボトルの環境負荷を科学的＝実証的に完全に計算することはほぼ不可能である。リサイクルされる社会的なシステムの構築とそのコストの問題も含めるとより複雑化する。

仮に現時点で、ペットボトルの環境負荷がもっとも少なく、しかも人体に安全であるとされても、今後、健康を害する物質がペットボトルに含まれていることが明らかにされるかもしれない。したがって、科学的な環境教育における指導上の「終着点」が見えてこない。ペットボトルに関する環境教育はあくまでも〈ad hoc〉である。

環境教育を実践する教師の判断基準があいまいになれば、その教育実践活動はきわめて不安定な状態に陥る。教師は「ペットボトルでジュースを飲まないように！（あるいは、飲みなさい！）」というメタ・メッセージをだせなくなる。生徒もそうしたメッセージを受けとれない。環境教育の教育実践場面で教育行為を支えている教育言説が弱い場合には、教師は生徒とのコミュニケーションに当惑し、生徒もうまい「こたえかた」ができなくなる。

メカニカル＝テクニカルな環境教育は、科学によって事実が証明され、あらゆる結果を予見できるという仮説を出発点として認める。法則化と一般化を通して、環境教育が客観的な効果を生むことを期待するのも、そうした出発点を認めているからである。しかし、そうした前提が認められないならば、メカニカル＝テクニカルな環境教育は、不完全なプロジェクトであると言わざるを得ない。

では、不完全であるにもかかわらず、科学的な環境教育を推進している原動力は何であろうか。それは、将来実現されるかもしれない「科学の完全性」そのものではないだろう。むしろ、科学への「信仰」であるにすぎないのではないか。そして、そうした信仰を学校教育は強化しているように思われる。この点に関する反省を含めて、学校教育には環境教育をすすめるうえでの反省的視点が必要である。そこで、次にそのことについて述べてみたい。

産業社会の再生産装置としての近代学校教育システムへの反省

これまで見てきたように、環境問題と教育を結びつけて筋立てる行為自体が「物語」たりえる。しかし、反省的視点を確認するためには、そうした「物語」以前に、環境と教育を結びつけて筋立てる行為があったことを確認しておく必要があるだろう。

振り返ってみれば、教育学の歴史そのものが、人間にとって環境とは何かを問う歴史だったといっても過言ではない。教育学の歴史を遡ってみると、ルソー（Jean-Jacques Rousseau, 1712–1778）は『エミール』[3]で、当時の腐敗し世俗化した価値観が蔓延する状況を憂い、ある配慮された教育環境のなかに人間を隔離して、「善い」人間を育てようとする思考実験を行っている。ヘルバルトも、「召使どもや、親兄弟たち、わる遊びや淫欲、さらには大学という代物」といった教育環境が堕落すると、教師たちの仕事がうまくいかなくなると指摘している。そして、子どもの成長にとって、人間が考えだした技術よりも、偶然的な環境が非常に重要であることを見抜いている[4]。つまり、教育は決して直接に行われるだけではなく、環境を通して間接的に行われることが教育学の出発点から認められている。

その後、教育と環境に関する考察は、人間形成をめぐる基本要因についての遺伝説、環境説、輻輳説等の論争で盛んになる。大正時代の日本にも大いに影響を及ぼした教育的環境学の祖であるブーゼマン（Adolf Busemann, 1887–1962）は、環境を分類して教育のために手段化するという基本的構想を描いていた[5]。他方では、学校教育が社会環境を変えるという意味で「環境を変える教育」といった社会改造主義的な言説も流布した。簡潔にいえば、環境と教育は、「環境による教育」と「環境を変える教育」という点で不可分のものであった。

こうした「環境を変える教育」という教育言説から、環境教育にも、環境問題を生みだした環境の変革が可能であるという物語が生まれたと考えられる。それが、メカニカル＝テクニカルな物語としての環境教育を生み出した母体ともなっている。そこに操作的な思考があまりに強く働くことになれば、思わぬ弊害を生み出しかねない。この点で、多少なりとも反省が必要であろう。

しかしながら、それ以上に、教育（学）は環境の変革を促進させるどころか、逆に地球環境問題を生み出した産業社会の再生産に一役かってきたのではないかという反省が必要である。すでに第六章で検討したように、バワーズは、産業社会の再生産装置としての教育システムにおいて、人間と自然環境との関係が、歪曲された不自然な関係として再生産されていたのではないかと指摘している[6]。地球環境問題をメカニカル＝テクニカルな環境教育で解決しようとする場合、最初から人間とは切り離された自然が思いおこされ、科学的な文脈で環境問題がとらえられる。しかも、最終的に、合理的な人間の行為だけで解決可能であるかのようにとらえられがちである。「RDDAアプローチ」や、問題の認識―学習―思考―行為という一連の目的合理的思考のプロセスはその典型例である。

しかし、科学的で目的合理的思考の結果であるはずの行為が、問題解決につながらないばかりか、かえって問題を複雑にし、深刻化させるという場合もある。たとえば、牛乳パックやアルミ缶のリサイクル運動などを想起すればよいだろう。また、人間の理解を超えた自然の営みや、科学的には説明のつかない人間と自然とのかかわりかたも存在する。産業社会の再生産装置としての教育システムでは、そうしたかかわりかたが教えられなくなったからこそ、地球環境問題が深刻化しているようにも思われる。

そこで、近代学校教育システムの一部分である環境教育によって地球環境問題を解決する方法を探す以前に、このシステム全体が、総合的に環境問題を生みだす産業社会の価値観やイデオロギーや習慣を再生産しているのではないかという反省が必要であるように思われる。

こうした反省を踏まえれば、地球環境問題の解決を図る環境教育には、従来の産業社会の価値観ではなく、新しい人間の生き方や、生活、人生、生命上の価値観についての教育言説を樹立しなければならないと思われるかもしれない。たしかに、新たな環境教育の教育言説を打ち立てて、メカニカル＝テクニカルな環境教育に対抗するという手段をとることもできよう。しかしそれでは、「RDDAアプローチ」と同様の問題に直面することになりかねない。

そこで、環境問題の共犯者としての学校教育を反省し、メカニカル＝テクニカルな環境教育を相対化する手がかりとするために「もう一つの環境教育」が存在することを確認してみたい。

第三節　環境絵本のなかにある環境教育の発見

もうひとつの環境教育の発見

それでは、もう一つの環境教育、すなわち、メカニカル＝テクニカルでない原初的な環境教育とはどのような教育であろうか。

まず挙げられるのは公害教育である。公害教育は、いわば「既存型の環境教育（すでに存在している環境についての教育）」であり、国際的な環境政策において、理念を中心に人為的な成立過程を経て成立した「理念型の環境教育（存在すべきであるとされる環境のための教育）」と対照をなしている。地域的な環境問題を背景に、教育者個人の教育実践活動の歴史から生まれ落ちた公害教育のなかに、原初的な環境教育をみることができる。

あるいは、すでに見たようにエコロジカルにみて持続可能な共同体を築いている非西洋的文化における日常的な「教え—学び（模倣）」が、原初的な環境教育であると考えられる[7]。そういった共同体においては、科学的で論理的な世界は成立してはいないかもしれない。だが、「持続可能性」を保証する暗黙知が無意識的に受け渡されているだろう。自然環境と共存してきた地域・社会・民族・文化・時代のなかに、原初的な環境教育が見いだせる。

ところが、こうした原初的な環境教育が重要であることは論を俟たないが、自然や環境に関する「教え—学び（模倣）」関係が、もっと身近で無意図的無計画的に成立しているにもかかわらず、それほど注目されていなかった場所がある。それは、物語や神話、絵本のなかにあらわれる環境教育である。そこで、ここでは絵本に注目したい。

環境絵本の登場

日本では、１９９０年代に環境絵本（environmental picture book）という用語が登場した[8]。環境絵本とは、環境問題の解決を目指して制作された教材としての絵本である。この用語の流通が契機となり、その後、環境絵本が多数出版されるようになった。したがって、今、環境絵本という新たな用語法と視点をもって絵本を眺めることができる。そして、１９９０年以前を含め、現在出版されている絵本を眺めれば、環境絵本には二つの種類があることが看取できる。ひとつは理念型環境絵本で、もうひとつは既存型環境絵本である。両者を簡単に区別しておこう。

理念型環境絵本は、客観的な手掛かりから環境教育を意識して制作されていることが明白な絵本である。タイトルや内容ばかりで明白になるのではない。絵本のあとがきや解説、付された本の帯、袖、カバー、シール、しおりに、「環境絵本」「環境啓発」「環境保護」「地球を守るために」という言葉が使われている。そのため、制作者――すなわち、作者や訳者、画家、企画者や出版社など――が意図的計画的に、環境教育の教材として用いられることを認識していることが確実に分かる絵本である。一例をあげておこう。たとえば、1991年に刊行された "Captain Eco and The Fate Of The Earth Hardcover" (Dorling Kindersley) は、日本でも『がんばれエコマン地球をすくえ! 環境問題を考える絵本』という邦題で1992年に発刊された[9]。

理念型環境絵本は、メカニカル=テクニカルに意図的計画的に環境にやさしい人間を育成するための教材として作られてきた。その特徴は二つある。環境問題をモチーフにし、事実を描写する点、および、環境保全に関する行動を促進するメッセージが含まれている点である。たしかに、絵本そのものに教育的意義はある。また、絵本作家だけではなく、子どもや素人が絵本を作成している。自治体やNPO等の集団が理念型環境絵本を制作している。環境絵本のコンクールもある。そのため、その制作過程にも大きな意義がある。だが、ここでは深い言及は避けるが、メカニカル=テクニカルな面があるため手放しに評価することはできない。

一方、既存型環境絵本とは、環境教育を意図して書かれてはいない絵本である。客観的な手掛かりは皆無である。おそらく絵本の制作者は環境教育の教材として制作しようとする意図を有していない。あるいは、環境教育という用語が登場する以前に出版された絵本である。しかしながら、それらは人間と自然や環境とのつながりを教えてくれる。観点によっては人間の生き方にかかわる絵本である。そして、環境教育ないしは環境絵本という視点をもつ読み手が読めば、環境教育的要素が発見できる絵本である。たとえば、原典が1942年に出版され、日本では1965年に翻訳・出版されたバートン（Virginia Lee Burton, 1909–1968）の"The Little House"がある。日本でも1965年に『ちいさいおうち』という邦題が付され刊行されている。[10]この絵本については後述する。

このように、環境教育と同様に、この環境絵本という用語が登場してきたからこそ、それまでは環境絵本というラベルが張られなかった絵本にそのラベルが貼られる。環境絵本という用語の流通はその意味で非常に有意義である。また、1990年代にはいって、地球環境問題を意識した環境絵本が国内外を問わず多数出版されるようになってきた。自治体や各種団体の主催で環境問題をテーマにした絵本のコンクールも開かれるようになった。受賞作品は次々に出版され、多くの人々に読まれている。環境絵本の歴史は短いが、大人、子どもを問わず、環境絵本の創作と制作に積極的である。こうした環境絵本の特徴は、地球、自然物、環境悪化に苦しむ動植物それぞれにたいする視点が入りこんでいるところにあるように思われる。それを確認してみよう。

地球環境問題を意識している環境絵本では、地球を含む動植物と自然物の「いのち」がテーマとして表現され、地球が「いのち」をもつものとして描き出されている。まず、環境絵本に含まれる地球への視点を確認しておこう。

たとえば、世界自然保護基金（ＷＷＦ）やグリーンピースなどの環境保護団体に所属しているアメリカのシメール（Schim Schimmel, 1954–）は、1991年に画集『OUR HOME　我が家』[11]で、「地球という星」をテーマに創作活動を開始し、以来、『地球のこどもたちへ』[12]、『母なる地球のために』[13]といった地球をテーマとした環境絵本を描きつづけている。そのメッセージは『地球のこどもたちへ』の中の次のような文章に凝縮されているだろう。[14]

親愛なる地球のこどもたちへ
これは助けを求める手紙です。
私は惑星、地球。ただの星ではありません。
あなたがたの住む家、母なる地球なのです。
そしてあなたがたと同じように、わたしの体はたったひとつきり。
ひとつしかないということは、
とくべつな、かけがえのない存在であるということ。
いつも愛され、大切にされなければならないということです。
あなたと同じように。

（中略）

わたしのこどもたち、地球のこどもたちよ。
手紙はこれでおしまいにします。
でもわすれないで。
わたしは、あなたがたの住む星
みんなと同じように、たったひとつきりの
かけがえのない存在。
あなたが愛し、大切にし、守ってくれさえすれば、
私はずっと、あなたがたの家でありつづけられるのです。

いつまでもいつまでも永遠に。
みんなを心から愛しています。
母なる地球より

環境絵本では、宇宙に浮かぶ青い地球が丸ごと描かれるようになった。絵本の歴史において、丸い地球が描かれたこと自体がエポックメイキングな「事件」である。今では地球を描いた絵本が数多く出版されているが、それは環境絵本の最大の特徴の一つである。

シメールの絵本では、生命を抱く唯一の存在として地球が描かれ、大切にしましょうというスローガンが出される。そうした環境絵本の「説教臭さ」には、多少なりとも批判があるかもしれない。しかしながら、こうした地球を描いている環境絵本のなかに、環境倫理学の祖として高く評価されているレオポルド（Aldo Leopold, 1887-1948）の「土地倫理（land ethic）」的な視点が入りこんでいる点では評価できる[15]。

また、同じような内容を扱いながら、さらに広い視点にたつ絵本もある。イギリスを代表する絵本作家バーニンガム（John Burningham, 1936-2019）の『地球というすてきな星[16]』では、子どもたちからの真摯な働きかけに応じて大人たちが変わっていく可能性が描かれている。つまり、環境の変革の「物語」を大人と子どもが手をとりあって創作しましょうというメッセージが見てとれる。地球を守るというテーマから出発して、後世代が前世代の変容を迫ることを視野に入れた珠玉の作品である。

こうした環境絵本を通じて、子どもばかりではなく大人も、地球というスケールとその有限性、世代の相互変容、そしてなによりも環境問題が解決できるという「希望」を感じとることができる。それが、環境絵本においてもっとも重要なことであるように思われる。

理念型環境絵本の特徴

環境絵本の特徴は、地球を扱っているということにかぎらない。空気や水、川、海、湖沼、山、森、景観などもこうした環境絵本の特徴になっている。自然物の内在的価値を扱った環境絵本も数多い。次にそうした絵本をとりあげてみたい。

地雷撤去運動に取り組んできたことで有名な葉祥明（1946-）は、地球環境問題に関する典型的な啓蒙的絵本作家でもある。葉は、『空気はだれのもの？：ジェイクのメッセージ』[17]で、地球や動植物のいのちや空気に関して次のように述べる。

森の木は、地球にとってとても大切なの。
空気をきれいにしてくれているのに、
畑や牧場や道路や住宅、遊び場所のために、
人間たちが、勝手に切ったり焼いたりし過ぎているの。
ほんとだよね。
だから生き物が住めなくなったり……
ジェイク、人間たちに伝えて。
これ以上、空気を汚さないでって！！

お金のためや自分たちの楽しみのために、
何億年もかかってできた、
わたしたち空気と水と大地と植物、川や海という
命のサイクルをこわさないでって！
うん，伝えるよ。きみたちがどんなに大切かって。
人間たちにとってもね。
でも、どうしたらいいだろう？
電気や水を、むだにたくさん使わないこと、
食べ物も、物も、必要なだけつくって大切にするの。
自分だけの楽しみのために、
自然をこわしたり、よごしたり、
生き物を傷つけたり、苦しめたりしないことね。
そうだ！　そうだ！(18)

葉のメッセージは、メルヘンの世界の犬「ジェイク」へのメッセージという形をとって、自然物や動植物には人間にとっての有用性や評価を抜きにした価値や権利があることをわたしたちに思いおこさせる。また、財やサービス、エネルギーなどについて自発的に消費の制限をしようという環境倫理的な側面にも気づかせてくれる。

ただ、注意したい点は、「～し過ぎている」「むだに」「必要なだけつくって」などにみられるように、

メカニカル＝テクニカルな見方が入りこんでいる点である。使い方によっては、科学的でメカニカル＝テクニカルな環境教育の補助教材になりかねない。それでも、こうしたメッセージは基本的に十分評価できるだろう。

最後に、環境絵本のもう一つの特徴として、環境悪化に苦しむ動植物への視点があることを簡単にみておこう。

有明海諫早湾の干潟に棲む生き物たちに思いをよせて、小学生の女の子が描いた絵本『むったんの海[19]』では、巨大な堤防で湾が閉められ、干潟がカラカラに乾いた結果ムツゴロウが苦しむ姿が描かれる。そして、海や空気をきれいにして、人間ばかりではなく動植物を救いたいという気持ちがあらわれている。環境絵本にかぎらず、動物をテーマにした絵本は多いが、子どもが環境問題を契機として、自分から環境悪化による動植物たちの苦しみを描き出したことは新しい動きである。偶然こうした絵本を読むこと自体が原初的な意味での環境教育となる。

ここでみてきたように、環境絵本には、地球、自然物、動植物への視点がある。それらは無関係な視点ではなく、環境倫理学に裏付けられている点で相互に関係しているともいえよう。ただし、以上の環境絵本は直接的であれ間接的であれ、メカニカル＝テクニカルな意味で発見された地球環境問題への関心を契機として生まれてきた絵本である。しかしながら、そうした関連なしに、原初的な意味での環境教育的要素をもつ絵本が数多く存在するように思われる。次にそうした絵本をみてみよう。

第四節　もう一つの「絵本のなかの環境教育」を求めて

既存型環境絵本のなかにある環境教育

では、メカニカル＝テクニカルな視点からではなく、本質的に環境教育的な性質を有する絵本をみることによって、もう一つの「物語のなかの環境教育」をさがしてみよう。そうした絵本はたくさんあるように思われるが、ここでは、そのうちから次の三冊の絵本をとりあげて、原初的な環境教育の特徴をみていきたい。

バートンは、身近な題材をもとに、自分の子どものために全ての作品を描いたといってもよいアメリカの絵本作家である。彼女の代表作の一つに、１９４２年に出版されコールデコット賞を受賞した有名な『ちいさいおうち[20]』がある。まずはこの絵本をとりあげよう。

簡単にストーリーを紹介しておこう。この『ちいさいおうち』のストーリーの「主人公」である「ちいさいおうち（小さな家）」は、最初は静かな田園地帯の丘の上に建って、四季のめぐりと豊かな自然を満喫していた。だが「ちいさいおうち」の周りの田園地帯がしだいに都市化されていく。それに嫌気がさした「ちいさいおうち」が、再び田園地帯に引っ越すという物語である。アメリカの都市化された社会から脱出するという『ちいさいおうち』の完結部は次のような言葉で締めくくられる。

こうして、あたらしいおかのうえに　おちついて、
ちいさいおうちは　うれしそうに

にっこりしました。ここでは
また　お日さまを　みることができ、
お月さまや　ほしもみられます。
そして　また、はるや　なつや
あきや、ふゆが、じゅんぐりに
めぐってくるのを、ながめることも
できるのです。
（中略）
ちいさいおうちは　もう二どと　まちへ　いきたいとは　おもわないでしょう…。
もう二どと　まちに　すみたいなどと　おもうことは　ないでしょう…。
ちいさいおうちの　うえでは　ほしが　またたき…。
お月さまもでました…。はるです……。
いなかでは、なにもかもが　たいへんしずかでした。[21]

バートンが『ちいさいおうち』を描いたアメリカの1940年代といえば、自動車や鉄道が自然豊かな田園地帯に入りこみ、都会の田園地帯を消滅させ、そのかわりに都会の住民を大量に郊外へ連れ出した時代である。アメリカの環境保護主義者のレオポルド（Aldo Leopold, 1887–1948）の言葉でいえば、「都会からの脱出者が増えるにつれて、平和、閑寂、野生動物、景色の、一人当たりの割り当てが減っていった時代」である。[22]その時代には、地域的な環境問題は存在したかもしれないが、地球環境問題は認識されていない。また、この絵本は、バートン自身の子どもへ贈るための絵本であった。その二点で、『ちいさいおうち』は現代の環境絵本とは性質が異なる。それでも、環境絵本と同じように、都市化と近代化にたいする批判と、その裏返しともいえる土地や自然にたいする愛情が物語られている。『ちいさいおうち』は、原初的な環境教育として、半世紀以上をへて、現代の親と子の間で共有できる物語として再現される。

もっとも、皮肉なことに「ちいさいおうち」の引越しは「くるま」に頼ることになる。そして適当な場所を見つけられずにさまようことにもなる。あたかも、環境問題に直面する現代人のジレンマを描き出しているかのようである。それだけに一層、環境と社会システムを考えはじめる最初の絵本として、『ちいさいおうち』は非常に意義深いように思われる。それというのも、この絵本をきっかけとして親と子のあいだでかわされる話が、この絵本の意義をさらに深くするように思われるからである。

既存型環境絵本としての『もこ　もこもこ』をめぐって

では次に、原初的な環境教育が、いのちの循環の視点から描かれている絵本をとりあげてみよう。そうした絵本は多々あるが、なかでも、『もこ　もこもこ』[23]は、これまでに約三十万冊を売り上げた最高傑作の一つである。解釈は一通りではないが、食物連鎖の筋立てでも、自然の循環の観点からも十分楽しめる絵本である。

何もない「しーん」とした状況のなかから、「もこ」と一つの「いのち」が生まれ、「もこもこ」と成長する。そのとなりでは、もう一つの「いのち」が「にょき」と生まれる。「もこ」は「もこもこ」、「にょき」は「にょきにょき」と、互いに異なる姿で成長する。

やがて、おおきくなった「いのち」の〈もこ〉は大きな口をあけて、キノコのような「いのち」の〈にょき〉を「ぱく」とひと飲みにし「もぐもぐ」かむ。食べた〈もこ〉のからだから、新たな「いのち」らしき赤く丸いちいさい物体が「つん」と生まれ、「ぽろり」と地上に落ち、「ぷうっ」と膨らんで、さらにふくらみ「ぎらぎら」と輝く。あっというまに、その「いのち」の〈つん〉は〈もこ〉もろとも「ぱちん」とはじけて、「ふんわ　ふんわ」した物体になる。

そしてまた、何もない最初の「しーん」とした無の状態に戻るのだが、最後にはまた片隅に「もこ」と一つの「いのち」が生まれる。

（前記は引用ではなく、『もこ　もこもこ』の筆者なりの解釈である。）

『もこ　もこもこ』の世界は、オノマトペだけで表現されており、概念的な言葉ではなかなか表現が困難な世界である。しかし、ぐるぐるまわっているという感覚、眼のまえを通りすぎていくどんなものも新たな「いのち」として生まれ変わる可能性があるという感覚――そう、わたしたちのまえのしあわせや苦しみさえも、すべてがまわっているという感覚――それが不思議とわたしたちのこころを落ちつかせ、妙になにかを納得させる。〈もこ〉の「いのち」は、わたしたちの「いのち」と同じように、常に発展する流動的なものであるという感覚が生まれる。そしてなによりも、科学的根拠や合理的説明を超えた「いのち」への肯定の感覚を与えてくれる。

メカニカル＝テクニカルな環境教育が語る計画の「物語」と同様に、こうした「物語」にも根拠はない。だが、目に見えない根拠を超えたところで、ぐるぐるとまわっているというリアリティをわたしたちに悟らせる。「いのち」がメカニカル＝テクニカルな論理を超えた自然の営みに支えられているということを実感する。そして、こうした「物語のなかの環境教育」が、子どもばかりではなく大人のこころにも、ぐるぐるしたものに——自然や「いのち」の循環に——包まれているという感覚をよびさまし、自然への信頼感を取りもどさせるのである。

ところで、アメリカの大学教授であったバスカーリア（Felice Leonardo Buscaglia, 1924-1998）が、生涯で唯一描いた『葉っぱのフレディ：いのちの旅』[24]は『もこ　もこもこ』理解の手がかりとなる。それは、かえでの葉っぱであるフレディが、四季の移りかわりとともに生まれ、育ち、枯れ果てて死んでいく話である。同様に、犬の「しろ」のウンチがきれいなタンポポの花になるストーリーの『こいぬのうんち』[25]も参考になる。そうした自然の循環の視点ばかりでなく、循環型社会を描いた環境絵本もある。『ピカピカ』[26]では、捨てられた自転車が修理されてアフリカへ送られ大活躍する。リサイクルを扱った紙芝居『へんしんランドへＧＯ！ＧＯ！』[27]では空き缶のリサイクルが語られる。社会システムの中のモノの循環の視点が含まれているといえよう。

生き方の問題を扱う絵本の登場

環境教育は、生き方の問題を扱っていると考えることも可能である。斎藤隆介（1917-1985）の『花さき山』[28]は、そのような可能性を教えてくれる絵本である。

「あや」という子どもが、山道に迷って、一面に花のさく「花さき山」に行きつく。そこで出会った「やまんば」から、ふもとの村の人間が一つやさしいことをすると、この山の花が一つ咲くこと、そして命をかけて何かをすれば山が生まれることを教えられる。そして、「あや」も一つ花を咲かせていたことを知る。

きのう　いもうとの　そよが、
「おらサも　みんなのように　祭りの　赤い　べべ　かってけれ」って、
足を　ドデバダして　ないて　おっかあをこまらせたとき、おまえはいったべ、
「おっかあ　おらは　いらねえから　そよサ　かってやれ」。
そう　いったとき　その花が　さいた。
おまえは　いえが　びんぼうで
ふたりに　祭り着を　かって　もらえねえことを　しっていたから
じぶんは　しんぼうした。
おっかあは　どんなにたすかったか
そよは　どんなに　よろこんだか
おまえは　せつなかったべ。
だども、この赤い花がさいた。
(『花さき山』より)

人間がつらいのを辛抱して、自分のことより人のことを思って涙をためて辛抱すると、そのやさしさやけなげさが花になって咲きだすことを「あや」は知る。しばらくして、また、「いま、花さき山で自分の花がさいている」のを「あや」は感じることができる。しかも、それに満足することもできる。他者への配慮から、自分の「祭り着」を買わないという「あや」の禁欲が、結果的には喜びにつながっていく。「やまんば」との出会いは、偶発的な契機ではあるが、人間の存在様式に根ざす生き方に目覚めさせる必然的な契機であった。ある意味では「やまんば」は環境教育の実践者ともいえるだろう。

環境教育は消費者教育としての一面を有しているので、消費を自発的に禁欲する生き方を教えることが、環境教育の役割であるという見方もできよう。しかし、禁欲が、単に我慢することであったりつらいことであったりするわけではない。あくまでも他者とのつながりにおいて、その禁欲に意味があることが自覚化されなければならない。それに気づかせてくれる絵本である。

以上のような、既存型環境絵本においては、自然環境や動植物のなかで生きることが心地よいものであることや、自分の生がなによりも望まれていて価値あるものだと思えるようになる。しかも、自分のいる世界への「信頼」や新たなる社会へ飛びだす「勇気」を教えられる。メカニカル＝テクニカルな環境教育の知識やテクニックで、現在の環境危機を生きる不安を払拭するのではなく、「物語」のなかに新しい時代と社会への愛を見いだすところに、こうした原初的環境教育の意義が認められるのである。

絵本のなかにある「ある存在様式」の描写——他者との一体化

「花さき山」で花が咲いている状況は、フロムの「ある存在様式」に通底している。他者との「つながり」によって生きる人間の在りかたを語りかけているともいえる。そこで第八章でみたように、フロムの「ある存在様式」と通底している絵本をもう少し見てみよう。

イタリアとアメリカで活躍したレオ・レオニ（Leo Lionni, 1910-1999）が1959年に出版した"little blue and little yellow"をみてみよう。[29] 邦題は『あおくんときいろちゃん』である。

あおくん"little blue"ときいろちゃん"little yellow"——という人間の子どもに見立てられた絵の具——は、一番の仲良しである。ある日、あおくんはきいろちゃんと遊びたくなって、姿を探すがなかなか見つからない。あちこちさがしまわってようやくばったり出会った。そうすると二人は、とてもうれしくなる。そして抱き合って喜ぶうちに、合体して緑色になってしまう。一体化したまま一緒に遊んで帰宅すると、あおくんの家でもきいろちゃんの家でも両親に「うちの子じゃないよ」といわれてしまう。そこで、二人は悲しくて大泣きする。涙の粒を流す。全部涙になってしまう。そして、それぞれ青い涙はあおくんに、黄色い涙はきいろちゃんに戻ったという話である。

『あおくんときいろちゃん』では、一番の仲良しと出会ったあおくんがきいろちゃんと一体化する。絵本のなかで「うれしくてうれしくて」一体化して「とうとうみどりになりました」という場面がある。他者と気持ちが通じ合った瞬間を示している。フロムの「ある存在様式」の説明である「世界と一つになる」ことは二つの次元で描かれているが、そのうちのひとつ、他者とともにあることの喜びが描出されているのがこの絵本である。自分自身と他者との二分性が消失して、つまりは他者との境界が溶解して、ひとつになったという体験が示されているといえよう。

絵本のなかにある「ある存在様式」の描写――世界との一体化

もう一冊の絵本を見てみよう。アメリカのモーリス・センダック（Maurice Sendak, 1928-2012）は、子どもにも大人にも大人気の80冊以上の絵本を描いた絵本作家である。彼の代表作は、1963年に出版され、コールデコット賞（Caldecott Medal）を受賞した“where the wild things are”である。[30] 邦題は『かいじゅうたちのいるところ』である。世界的な大ベストセラーとなり、総売り上げは2000万部と言われている。最近では、ジョーンズ（Spike Jonze）監督が実写映画化し、日本でも2010年に公開された。

まずは、簡単にストーリーを確認してみよう。ある晩、主人公の少年マックスは、オオカミの着ぐるみを着る。そして、金槌やフォークをもって犬を追いかけ、部屋の中で大暴れする。すると母親に「この　かいじゅう！」と叱られる。負けまいとマックスは母親に向かって「おまえを　たべちゃうぞ！」と言い返す。怒った母親は、夕食抜きでマックスを部屋に閉じ込める。そのマックスの部屋に不思議な現象が次々と起こる。木々が生えて、部屋が森になり、波が押し寄せてきて海になる。マックスは船に乗り「かいじゅうたちのいるところ（where the wild things are）」にたどり着く。マックスは「かいじゅうたちの王様」となる。そして、「怪獣踊りを始めるぞ！」と声をかける。

そうして、マックスは恍惚感を感じながら、怪獣とともに踊る。その踊りを描いた見開き6頁分がクライマックスのシーンである。怪獣と一緒に踊る楽しい時間が示されるのだ。だが、そこには言葉はない。見開きの頁がすべて絵なのである。楽しいはずのマックスだが、やがて家が恋しくなる。「食べちゃいたいくらいお前が好きだ」という怪獣を振り払い自分の部屋へ戻る。戻ってみると、そこには夕食がまだ温かいまま置かれていた。以上が大まかなストーリーである。

注目すべき点は、オオカミの着ぐるみを着た少年マックスが動物に近づいている点である。マックスは、動物たちの世界に入り込んでしまう。そして言語が示されない恍惚とした瞬間——前述の見開きの6頁分——を過ごすのだ。かいじゅうたちの世界では、マックスは世界との一体化を果たしている。フロムの用語でいえば、「ある存在様式」つまり世界との境界が溶けて世界と一つになる経験をしている。

第八章でみたように、フロムによれば、人間は自己意識を持つがゆえに他者や世界との分裂を感じ、実存的二分性をもつ。そのため対象化された他者や外界との合一を図る。前述の絵本では、その合一が示されている。他者や世界といったん切り離された人間が再び一つになっているのである。他者や世界と一つになる体験は、両者を分け隔てている境界が溶ける点で矢野智司がいう「溶解体験㉛」と呼んでもいいだろう。私たちは遊びに無我夢中になっているとき、あるいは自然の風景に見とれているとき、自己と自己を取り囲む世界とのあいだの境界線が消える体験をすることがある。このような自己と世界とを隔てる境界が溶解してしまう陶酔の瞬間を「溶解体験」としておこう。

私たちは自己意識を持ち、アイデンティティを求め、労働をモデルとした「人間の世界（こっちの世界）」、つまり近代合理主義と資本主義に基づく世界を生きている。効率や利潤や快楽を求める一般的な価値観を持っている。反面、時として、「生命性の世界（あっちの世界）」——つまり非合理で動物的な世界——にも生きている。理由もなく、危険なスカイダイビングやバンジージャンプをする。栄養学的に必要もないのに酒を飲む。何の利得も効果もないのにジェットコースターに乗る。それらはすべて遊びとされる。風や土や大地と一体化して我を忘れて遊ぶ。そのことが何よりのカタルシスになる。時折、「あちらの世界」に行き「こちらの世界」にもどってくるのだ。

センダックが示したのは、人間に二つの世界が広がっているということではないかと考える。「こちら」の人間の世界、そして「あちら」の動物の世界。時折、人間は「こちら」から「あちら」に飛び込み、そして、再び「こちら」に戻ってくる。「こちら」の世界だけでは生きていけないのである。「世界と一つになる」体験は、フロムが引用した松尾芭蕉の「よくみればなずな花咲く垣根かな」にも示される。じっと小さな花をみて、満足する瞬間があることを示しているのである。花を摘んで持ち帰ってしまうという「持つ存在様式」の優位な行動は慎んでいる。

ただ、怪獣たちに食べられてしまうと戻れなくなる。危機的な瞬間である。「溶解体験」では、「あちら」と「こちら」の世界の間にある深淵（abyss）を覗き込む。それは危うい瞬間である。戻れなくなる可能性がある。だが、絵本では必ず戻ってくる。構造上、行きて帰りし物語を体験できる。アルコール中毒や薬物中毒の一部の患者さんのように、あっちの世界にいったままにはならない。いわば、世界の二重の構造を体験できる珠玉の絵本である。

ところで、面白いことに、マックスが閉じ込められた部屋の窓には、三日月が見える。しかし、帰ってきた部屋は、それほど時間が経っているとは思えないのに満月になっている。センダックの謎かけとも言える。私には、それはセンダックが、「『こちら』の世界が本当だと思い込んでいるが、案外、『あちら』の世界がホンモノの世界かもしれないよ」とささやいているように思われる。

人間が自分自身と他者との境界が溶け、他者とひとつになる体験を示しているのが『あおくんときいろちゃん』である。水平方向の溶解が示されている。そして、天や地、超越者や自然や環境といった世界との境界が溶け、世界ひとつになる体験を示しているのが『かいじゅうたちのいるところ』である。それは、垂直方向の溶解体験である。そのように読み解けば、フロムの「ある存在様式」はこうした絵本でも理解することができるのである。

「持つ存在様式」の陥穽を示した民話や物語

他方、「持つ存在様式」の陥穽を示した民話や物語も多々ある。原作がロシアの民話でトルストイ（Leo Tolstoy, 1828–1910）が作話し、日本で絵本として刊行されている『人にはどれだけの土地がいるか』[32]では、より多くの土地を持とうとする欲望に負けて、結果、命を落としてしまう愚かな農夫の姿が描かれる。持てば持つほど幸せになれると信じた農夫が、最後には死んでしまい、自分が入るだけの墓穴程度の土地しか必要ではなかったのだと気付くという話である。

日本で絵本として出版されたロシアのオルロフ（Vladimir N. Orlov, 1930–1999）の物語を原作とした『ハリネズミと金貨』[33]も「持つ存在様式」に囚われることの愚かさを教えてくれる。あらすじは以下の通りである。

森のなかの小道で、年老いたハリネズミが金貨を拾う。ハリネズミは、干しキノコなど冬ごもりに必要な品々をその金貨で次々と買おうとする。しかし、ハリネズミが出会う動物たちは、金貨を受け取らず、次々にハリネズミが欲しいものを無償で与えてくれる。最後には、ハリネズミはその金貨が不要になり、小道に戻すのである。人と人が助け合って生きる互酬性の世界を教えてくれる。この絵本では豊かな人称的関係性があれば、お金などなくてもいろいろなものが手に入ることが示されている。ここで取り上げた絵本以外にも「持つ存在様式」の危険性と限界、矛盾を示す絵本は数多い。

フロムは、「ある存在様式」は、言葉では表現不可能で経験を共にすることによって伝達できるとしてきた。親子がこうした絵本体験を積み重ねていくことは、その一助になるのではないだろうか。「あることへの歩み」は絵本のなかにある。そこから、新たな環境教育がはじまる。

メカニカル＝テクニカルな「環境教育という物語」と原初的な「物語のなかの環境教育」の弁証法

教育は常に二つの根本形式からなる。環境教育とて例外ではない。

メカニカル＝テクニカルな環境教育は、人類を破局から救う「存在すべき教育」として科学的・国際的・計画的に構想された。しかしながら、すでに「存在している環境教育」がある。その一つが「物語のなかの環境教育」であった。

人間はこれまで自然環境とうまく折り合いをつけて生活してきた。人間の生活とその共同体の活動のなかに埋もれてはいるが、文化や伝統と深く結びついた、自然との共生を可能にする生き方と「教え—学び（模倣）」があり、それが脈々と受け継がれてきた。そうした生き方を受け渡しする機会の一つが「物語のなかの環境教育」であった。

そうした「存在すべき環境教育」と「存在している環境教育」——ここでは狭い意味で、前者が「環境教育という物語」であり、後者が「物語のなかの環境教育」と理解するにとどめるが——のせめぎあいによって、弁証法的に豊かな可能性を内包した環境教育が生まれる。だが現在は、メカニカル＝テクニカルな環境教育ばかりが注目され、これまでに存在していた「物語のなかの環境教育」の実践が忘れられているようにみえる。

そうした懸念がわたしにアンビバレントな感情を抱かせる原因であった。しかし、日常の生活の営みのなかに、環境教育的な要素がありありと入りこんでいることを見抜いていくことで、多少なりともそうした不安が拭えるように思う。もっとも、冷静に考えれば、ここでとりあげた絵本のなかに、原初的な「物語のなかの環境教育」があるという程度の記述だけでは、人間とその自然環境との複雑で深い営みを発見したとはいい難いだろう。

それゆえに、環境教育的な要素が含まれていると思われる教育実践を再解釈し、人間と環境の関係についての理解を深めることで、「存在している環境教育」をより一層自覚する必要がある。意識化されていなかった環境教育の営みを再発見できれば、環境教育はますます意義深いものとなるにちがいない。

――「ほら、こんなところにも環境教育がある！」

そう、そういう「再発見」が、環境教育の営みをより一層豊かなものにするのだ。

終章　生きる環境教育学

第一節　環境教育を契機とした現代社会に対する反省的省察の可能性

人間として「生きるということ」に活かされる環境教育学

本章のタイトルには二つの意味が込められている。

第一に、環境教育学は、人間が「生きること」に活かされるという意味、第二に、教育実践に活かされるという意味である。第二の意味は章末に簡単に触れるとして、主として第一の意味について概説しておこう。

環境教育においては、消費生活やライフスタイルの変換が必要であると言われる。一人一人の人間が、幼児から高齢者に至るまで一生涯にわたって、具体的にどのような暮らしをするのかを考え直し、環境に配慮した暮らしに改善することが環境教育の名のもとに求められている。だが、それだけではない。その暮らしの底流にある人間観や人生観、幸福観、総じていえば、人間としての生きかたの哲学を変容させることも求められている。したがって、そうした生きかたの哲学に密接不可分に深く関与するのが環境教育学の本質である。

環境問題を全面的に解決して持続可能な社会を構築するためには、現代社会の生産活動を縮減するとともに、自然の循環のなかで資源が再生される程度にまで消費も縮減しなくてはなるまい。他方、人口増加と人口集中を食い止め、科学技術と経済の発展を緩やかにするか定常状態にすることも想定しなければならない。そう結論づければ、短絡的で飛躍した論理だと批判されるだろう。たしかに、そこまで劇的な変化は必要ないのかもしれない。だが、環境問題に真摯に向き合えば、少なからず変貌する社会共同体において、ひとりひとりの人間が「どのように生きるか」が問われる。その生きかたの問いに応えるのが環境教育学の役割である。

かつてハイデッガー（Martin Heidegger, 1889–1976）は、「技術とは何であるか」という問いの回答として、ふたつの答えがあると述べた。そのひとつは、目的のための「手段（Mittel）」であり、もうひとつは人間の「行為（Tun）」であると。そして、技術についてのこれら二つの規定は相互に密接にかかわりあっていると言う[1]。人間は目的を設定し、そのための手段として技術を利用する。だが、技術の行使は人間の「行為」そのものでもあるというのだ。

なるほど、環境教育は環境問題を解決するための技術であり、目的実現のための手段である。反面、前世代が後世代に環境について教えることは目的遂行のための手段のみならず、綿密な手段的でも厳密な計画的でもない人間の行為、すなわち生活の営みでもあったし、いまなおそうである。古来より洋の東西を問わず繰り広げられてきたのは、与えられた環境とともに生きる「行為」を教え学ぶこと、模倣することと模倣させるであったことを想起すべきだろう。

近代学校公教育システムが成立する以前には、社会共同体のなかで年長者が年少者へ自然や環境との関係を語り継いできた。とりわけ、身近な環境と密接にかかわりあい共存する知恵や生の技法は、前世代から後世代へと綿々と受け継がれてきた。年長者は模範を示すだけで年少者は模倣するだけで、「教える＝学ぶ」という意識はなかったかもしれない。だが、環境との付き合い方を教えることは、かつては人間共同体の自然な「行為」であった。しかも、そうした「行為」の底流には生きかたの哲学が存在していた。

以上のことを想起すれば、次のような問いにも出会うことになる。人間と環境との関係がこれまでどのようなものであったのか、そしてこれからどのように関係を切り結ぶべきなのか。その付き合い方を人間はどのように前世代から後世代へと語り受け継いでいくべきなのか。それらの広い問いを念頭におくならば、技術や手段としての環境教育にのみ傾倒しすぎるべきではないと考えるのが自然である。つまり、環境教育学がたえず根底におかなければならない問いは、人間存在にとって環境がいかなる意味を持ちうるかということである。現代社会においては、一方では倫理性や責任性が問われることなく科学技術が際限なく利用され、他方では発展の限界性や人間疎外に無自覚なまま経済社会の欲望が無限に自己増殖されている。このような常軌を逸したかのように見える環境のなかで、人間が本当に人間らしく生きることに環境教育学はどのように貢献できるのかを射程に入れなければならない。要するに、環境教育学は、総じて、人間として「生きること」に活かされなければならないと考えられる。

「生きかた」を振り返る試みの必要性

人間として「生きるということ」はテーマが大きすぎるためここでは論じきれない。だが、限定的に私自身がどのように環境教育と向き合ってきたのかを語ることはできる。「生きかた」そのものではないが、自らの環境教育実践と研究を振り返ることで、環境教育学のパラダイムを概観しながら、今後の方向性を模索してみたい。

この振り返りの試みは、ドナルド・ショーン（Donald Alan Schön, 1930−1997）が1983年から提唱している教師や医師などの専門家の「反省的実践家（reflective practitioner）」モデルを参照している[2]。佐藤学や秋田喜代美らが日本に紹介し、教師教育モデルとして定着しつつあるものである。「技術的合理性」を基礎とする「技術的熟練者」とは異なり、「活動過程における省察」を基礎とする「反省的実践家」は、専門家が自身の活動を「省察」する点が特徴的であり、その「省察」から専門家としての成長・発展を目指す。佐藤によれば、「反省的実践家」としての教師は、「教師の専門的力量を、教育の問題状況に主体的に関与して子どもと生きた関係を切り結び、省察と熟考によって問題を表象し解決策を選択し判断する実践的な見識に求める考えを基礎としている」という[3]。

このような試みは初めてではない。環境教育の領域において、大学教員としての「活動過程における省察」のみならず、研究者としての「省察」を初めて遂行した「反省的実践家」は原子栄一郎である。1999年に原子は自らの環境教育実践を語っている[4]。また、実践を振り返る論文も執筆している[5]。原子は、1980 年代は「環境教育とは何か」、1990年代には「環境教育とは一体何か」、21世紀以降には「環境教育とは本当は何か」という問いを順にたて、環境教育に対する問いを深めてきている[6]。

原子は、実証主義的な世界観に立って研究を始め、解釈主義的な世界観を経て、現在は、「『はじめに神が天と地を創造した』という聖書に証されているキリスト教的な有神論的世界観とパラダイムに立って環境教育を研究したい[7]」としている。こうした反省的省察を試みる一方で、原子は日本環境教育学会と英語圏環境教育界の研究を比較考量して、前者の全体的な枠組みが環境教育政策学であること、後者のそれが環境教育のパラダイム論であることを明らかにした。つまり、一方では情熱的かつ主観的に自身の環境教育観を語りながら、他方では冷静にパラダイムの分析も行っている。鈴木善次も『環境教育学原論』で、情熱的に自らの研究史を振り返る一方で、冷静沈着に環境教育学について言及している。両者ともその調和が見事である。

では、原子や鈴木にならうなら、私はどのように振り返るのか。環境教育のパラダイムのまとめについては、私の環境教育研究史の変遷を振り返ってみよう。

第二節 〈私〉の環境教育研究史の反省

規範主義的環境教育論から社会批判的環境教育論へ

1985年から1990年ごろまで、大学生だった私は、ナイーブに「○○教育は○○問題の万能薬」であると受け止め、地球環境問題を消費者問題と把握し、環境問題解決のための消費者教育の研究に取り組んだ。質・量ともに消費の自発的制限を促す消費者教育をすれば環境問題が解決できると考えた。しかも「消費倫理」なるものを確立し、それを規範主義的に子どもたちに教えればよいと考えていた時期があった。

１９９０年から１９９６年までの大学院生時代の主たる関心は消費者教育から環境教育へ移った。学問的な基盤は教育学であった。教育学の立場から見れば、環境教育とは、環境問題が深刻化・広域化・不可逆化する望ましくない過程よりも、計画された望ましい人間と社会の変化（ないしは無変化）の過程を求めるからこそ成立する実践的行為であると捉えられた。そして、教育学の基盤にある価値志向的変化の希求を環境教育にも反映させようと躍起になっていた。

次に、教育学の立場から環境教育にアプローチするためには、教育目的論を扱う必要性があると考え、フロムの「ある存在様式」に関する教育哲学的研究に着手した。「持つ存在様式」が優位な社会的性格ではなく「ある存在様式」が優位な社会的性格の形成が可能になれば、人々が、豊かで便利で快適な暮らしを求めなくなり、他者や自然と共に生きることに目覚め、結果として社会変革が可能であると夢想した(8)。

だが、意図的計画的に「ある存在様式」が優位な社会的性格を形成することは困難で、簡単に社会変革ができるわけではない。それというのも、大人たちばかりではなく子どもたちも、現代の経済優先の自由主義社会のなかで、学校以外の複雑なメディア環境を生き延びながら自らの生きかたを自己決定しているからである。子どもと教師が出会う学校という枠組みのなかで、環境という全体論を持ち出して規範を外部から押しつけ、子どもたちの行動を制御しようとする試みは無謀である。未来世代との間で、形式的に相互性を主張して被害を食い止めようとし、消費行動に関する否定的モラリティ、たとえば、環境容量による消費の自発的制限論を持ち出しても失敗する。おそらく「持つ存在様式」の制御はほぼ不可能に近い。「ある存在様式」を刷り込むような環境教育を学校教育において展開しても、「持つ存在様式」が支配的な社会のなかで、微力に過ぎて実効性はあがらないと今では振り返ることができる。

また、「ある存在様式」が優位な社会的性格を有する人間が増えたからと言って、すぐに環境に配慮した社会が登場するわけでもない。たしかに、教育学の立場から環境教育の教育目的論を研究し追求するのはひとつのメタ理論研究にはなる。ところが、フロムの社会的性格論を流用して人格形成の方向性を定めても、教育方法と社会変革の方法が構築されない限り、持続可能な社会への変革は不可能に近いだろうと予想した。

研究者になりたての1996年から2005年ごろまで、私はアメリカの批判的環境教育学者バワーズの文化批判的環境教育に傾倒した。学校教育システムとそこで教えられる価値観、生活様式などの文化が持続不可能な産業社会を作り上げているというバワーズの視点は新鮮だった[9]。

折よく、1998年に原子栄一郎は、環境教育という言葉は、たんに問題解決の手段としての教育を指すだけでなく、教育と呼ばれてきた事象に対して根本的な異議申し立てを表明したものであると主張していた[10]。「異議を申し立てられている教育」とは、18世紀末以来の「近代化」を支えてきた教育である。環境教育が近代学校教育に対する異議申し立ての視点を有しているという指摘は、当時の私の目には斬新なものに映った。その後、2001年にジョン・フィエンの『環境のための教育』[11]が翻訳・刊行され、環境教育が近代社会批判と近代学校教育批判の性質をもつことがより明白になった。昨今では、近代的な産業社会と科学的実証主義、およびそれと一体となった学校教育に対する批判的な議論にはかなりの蓄積がある。この時期に、バワーズと原子とフィエンの論考を受けて、社会批判的環境教育と文化批判的環境教育について、以下のように考えていた。

学校教育システムは現代産業社会システムとその文化のサブシステムであり、その究極的目的は母体となる現行のシステムの維持である。それゆえに環境教育が、学校教育システムや社会システムまで飲み込んで変革するということは期待できない。学校における環境教育はダブルバインド状況に陥り、身動きができなくなる。一方、近代社会における経済優先の社会目的と目的合理性が破綻し、機械論的自然観に問題があるからこそ環境問題が生じたはずである。それにもかかわらず、またもや同じ目的合理性と機械論的自然観を底流とする環境教育計画で問題解決を試みても、かえって問題を複雑化し深刻化させるだけである。

もちろん、批判的環境教育論（社会批判的・文化的批判的環境教育の両者）の視点そのものは鋭く学ぶべき点が多い。だが、重要なことは、その批判を活かしていく方法論を発見できなかった点にある。批判的環境教育論を吸収しても、社会変革の現実的な手がかりが得られず、手がかりにすべき環境教育における教育的価値論も見当たらなかった。私は行き場を失っていた。

教育学的範疇違反の問題を乗り越えるためのプロセス中心的環境教育論

もうひとつ、厄介なことに教育学的範疇違反ともいうべき課題と出会ってしまった。それについても触れておこう。

すでにみたように、ジックリングは、すでに1991年から「持続可能性に向けての教育」に対する批判的姿勢を鮮明にしていた。ジックリングは、「教育」とは批判的思考、主体的判断、知的行動といったことにかかわる能力の育成であると考え、子どもたちに批判的思考などを育てる教育さえ施せば、持続可能な社会が自然に実現するといった予定調和的で楽観的な教育観に立っていた。そもそも、「持続可能性のための教育」という教育目的を掲げること自体が認められないというのである。[12]規範主義的環境教育論と批判的環境教育論の限界に出会ってしまっていた私は、再びこの議論で激しく揺さぶられた。

彼の指摘を受けて、私は、解決方法に関する社会的合意がなされていない環境問題に対して、教育学が独自に処方箋を出して取り組むのは、教育学としての範疇違反問題、すなわち越権行為ではないのかと疑いはじめた。教育によって社会変革をすることが困難であるばかりか、そのように教育の可能性を過大視して教育目的を設定すること自体が、教育学の領域をはるかに超えているのではないかと疑った。

しかしながら、問題をすり替えることになるが、「持続可能性に向けての教育」に取り組むプロセスにおいて、主体的かつ批判的態度で市民が民主的なルールのもとで教育目的を再設定するプロセスがあれば、それが環境教育の中核となるのではないかと思い直した。振り返ってみれば、学校教育システムのなかには、真の検討や批判がなされないまま、また社会的な合意もないまま、ある特定の教育的価値がそれと明確に認識されずに組み込まれている場合がある。そうした教育的価値が持続可能性の実現に反する要素を含むことがある。それゆえに、従来の持続不可能な社会を再生産する教育的価値を問い直し、持続可能な社会を構築するための新しい教育目的を設定するプロセスそのものが必要であり、それが環境教育だと位置づけた。

すでに見たように、批判的環境教育論には社会変革を具現化する方法論が欠落していた。その欠点と範疇違反という批判の二つを乗り越える論理を立てるなら、環境教育の妥当性を保障する手続きと民主的な教育目的の再設定というプロセスを経るほかない。換言すれば、環境教育に関する教育目的再設定のプロセス——つまり、環境問題の解決方法と解決方法の手段としての環境教育の両者に関する社会的合意形成の過程——が、環境教育の過程であるという論理で環境教育の存在意義が認められるであろう。持続可能な社会を構築するという教育目的を再設定するプロセスに関与するプロセス中心主義環境教育とでも称する教育を環境教育と想定した。そして、プロセス中心主義環境教育では、子どもばかりではなく市民のコミュニケーション・プロセスが、次なる中心的課題となると予想した。

コミュニケーション的環境教育から学校教育の再評価へ

環境教育とは、環境教育の目的設定に関するプロセスそのものであるという「まやかし」のような到達点を踏まえ、私が次に向かったのはコミュニケーション的環境教育である。手がかりにしたのは、ドイツの環境教育学者デ・ハーンの枠組みである。ワークショップでの対話を中心とした市民性育成につながるコミュニケーション的環境教育ならば、この教育目的再設定のプロセスが完遂できる可能性が認められたためである。すでに六章でみたようにまた、デ・ハーンはかつて現代文化に対する「反省的方向性」を包摂する環境教育論も展開していた。その点も加味し、ハーバーマス的な対話的理性を有する市民性育成、および、ともに生きることを通じて人間と人間の関係性の再構築を目指した彼の環境教育論はたしかに一定の魅力がある。[13] だが、確認しておけば、デ・ハーンが喝破した通り、ワークショップへの参加者の科学的・社会的知識にすでにバイアスがあり、共有されるデータに限界がある。ファシリテーターが偏向している場合もある。それゆえ、誤った解決法に結びついて環境問題解決の抜本的対策にはならないからである。

しかしながら、市民がコミュニケーションの過程と合意形成を経て、政治的な手法をとりながら環境教育の教育目的を設定し、環境問題の教育政策的な解決方法を練り上げて、環境教育を実践するというプロセスは重要である。コミュニケーション的環境教育はプロセス中心的環境教育を推進する手続である。

では、それを実践する手続きを想定してみよう。

まず、環境問題の原因を科学的かつ社会科学的に認識し実証的データを読み解き、環境対策に関する社会的政治的な仕組みを学ばなくてはなるまい。高い知的能力と理解力が必須である。また、批判的思考力を有し他者とコミュニケーションできる能力と態度を持った人間を育成することが肝要となる。社会性や協調性を有する人間形成も重要である。さらに、政治参加・社会参加する市民を育てなければなるまい。加えて、そのような従来とはまったく異なった新しい持続可能な社会で自分らしく人間的に生きることについて自己決定しなければならない。簡潔に言えば、学力と対人関係能力と生きかたの哲学をもった人間を育成することが重要ということになる。

その結果、なんとごく平凡で陳腐な結論に落ち着いた。

——要するに、現在の学校教育で行われている内容を充実させればよいのだと考えるようになったのである。何のことはない。一周りしたけれども、現在の学校教育の再評価に逢着してしまった。もちろん、①規範主義的環境教育から、②社会批判的環境教育と文化批判的環境教育を経て、③教育学的範疇違反問題を乗り越え、④プロセス中心主義的環境教育と⑤コミュニケーション的環境教育にひとまわりした結果、⑥現在の学校教育の充実に落ち着いたのである。そして一周りしたからこそ垣間見えてきた課題もある。

第三節　環境教育学の新たなる境界域を求めて

臨床の環境教育人間学の境界域へと環境教育を押し広げる

これまでの環境教育のなかに、新たに付け加えるとすれば、それは何か。どのような方向性を模索しているのか。それについても言及しておこう。

注目したいのは企図化されていない環境教育の営みである。その営みのなかに持続可能性な社会を実現する「教え＝学び」の営みが隠されている。理念型環境教育は、１９７０年以降に、意図的に計画として構想されるようになった。だが、それ以前にも以後にも、環境にかかわる「教えと学び」が存在し、それが自然に受け継がれてきている。人間の生活のなかに埋没して見えにくくはなっているが、「既存型環境教育」とも称すべき環境教育が厳として存在する。その再認識と智慧の共有が環境教育の領域を飛躍的に拡大する。だからこそ、私は、森のようちえん研究や環境絵本の研究に取り組んできた。そこに「環境教育人間学」ともいえる領域の地平が拓けていると確信したからである。

そうした智慧の一例を掲げてみよう。インドネシアのスマトラ島沖大地震（２００４年12月）での津波に対する人々の動きである。急に潮が引いていったとき、茫然と海を眺めているだけの人もいた。津波が来ることを知らず、潮が引いたので沖の浅瀬のほうに喜んで魚を拾いに行った人々もいたらしい。それとは逆に、潮が引いたので山に逃げていった人々もいたという。魚を拾いに行った人の大半はいのちを落とし、山に向かった人々は津波に飲まれることなく助かったという。山に逃げた人々は、「潮が大きく引けば山に向かいなさい」という昔からの言い伝えを知っていて、それを忠実に守ったのである。こうしていのちの連鎖は保たれた。

親から子へ子から孫へと家庭で言い伝えられてきた教えや、共同体のなかで暗黙の知となっているような智慧は、教科書に書かれているわけでも学校で教えられるわけでもない。だが、そうした智慧を知り生き延びた人もいる。守れる個体はごく一部であっても、ゾーエ的生命（霊的生命）を守る「教え＝学び」が存在する。そして救えるいのちもある。どの程度かはわからないが、全滅はしなくても済む。

他国の例を取り上げなくても、日本におけるかつての里山の維持可能な暮らしも一つのモデルになるだろう。農業や林業を生業とし、人口の増加を抑え、ある程度の文化的水準を保つような江戸時代の定常的な文化の姿もある。そうした時代においても、自然と折り合いをつけて人間が定常可能な暮らしをしてきたのであり、その中での教えや学びもあっただろう。

持続可能な社会を実現するための環境教育という出発点から始めなくても、人間が長い歴史のなかで、作り上げてきた自然との付き合い方を世代を越えて伝達する役割が教育にある。皮肉なことに、わずかな人間しか助からなくても、「潮が引いたら山へ」といった「教え＝学び」の営みは続けなければなるまい。その使命感は、持続可能な社会を実現する学校教育の関係者らのアタマではなくこころに響いてくるのではないか。あるいは、それ以外の一般の人々にももっと響いてくるのではないだろうか。

要するに、前近代的な文化のなかで存在していたはずの「すでにある環境教育」を再発見し、失われつつある「教え＝学び」を再評価して、それを臨床の環境と教育にかかわる人間学――「臨床〈環境＝教育〉人間学」――として掘り起こすことで、教育学は環境教育に本格的に貢献できると考える。

理念型環境教育の限界をめぐって

次に環境教育学を構築する上でわきまえておかなければならないのは、理念型環境教育というプロジェクトの限界である。

実証科学に基づく「持続可能性」を理想としても、経済発展と開発を求め続けるならばいつかは破綻する。まやかしの「持続可能性」概念を教育に持ち込むのは偽善だろう。それには目をつぶるとしても、そうした「持続可能性」を求めて、環境によい人間を形成しようとしても、繰り返すが、自然は人間の計画学の概念を超えたところで予期せぬ出来事を引き起こすはずだ。

環境改善の実効性にかかわる問題はまた、教育における科学合理主義と機械論的自然観にも問題を提起する。現代の環境教育を技術的に制度化して推進しようとすれば、実効性のある環境教育はいかにして可能となるのかをめぐって議論が交わされるだろう。環境教育という問題解決型の教育の発生は、教育が合目的的な思考および実証主義的な性質を根本にするからこそ生まれてきたからだ。だが、皮肉なことに、その効果の測定と予測は困難である。したがって、技術や計画や制度としての環境教育学の理論の限界をわきまえておく必要がある。

環境問題を解決する人間を計画的組織的に育成すること自体が自然とは言えない過程である。今の環境教育で育てられた子どもたちが次世代に作り上げる社会システムが、どのようなものになるかは環境教育の教育者の予想を大きく外れることもある。もし、予定通りの持続可能性の高いと思われる文化や生活様式ができあがるとしても、そのなかで子どもたちが生き生きと生きていけるかどうかは不透明である。

もっと踏み込んで言えば、教育それ自体が不可能な営みであり、限界があることをまずは理解しなければならない。「環境教育は善い営みである。なぜなら環境教育は環境に善い人間をつくるからである」というトートロジーを可能にする原理への問いに、環境教育学は向かわなければならない。[14]ここには、三重の問いが張り巡らされている。まず、環境教育は善い営みなのか。そして、環境教育は環境に善い人間をつくることができるのか。そして最後に、そのような問いに対峙するうえで、環境教育に自己言及する「土台」はどこにあるか、という問いである。これらの問いに立ち向かう立脚点が環境教育学である。

ともあれ、人間形成のプロセスを統制し、環境に配慮したかのように創りあげられることのできる人間と技術、および社会システムが、自然をコントロールできるという大袈裟な舞台装置から降りなければなるまい。すくなくとも、それに熱狂すべきではない。冷静沈着に落ち着きを持って、環境と人間のかかわり方をとらえる環境教育学を充実させる必要がある。

詩的に大地に住まう──「あること」の別の表現

かつて、ヘルダーリン（Johann Christian Friedrich Hölderlin, 1770–1843）という詩人が、「価値に満ちて　かつまた詩的に　この大地に住まう」という生き方があることを示した。この詩をハイデガーという哲学者が高く評価して、現代的な生活が完全に「非詩的」であると指摘した。つまり、私たちの生活に測定や計算が過剰であるという。言い換えれば、現状について実証主義的にデータ化し、その切り取られたデータを土台として予定や計画をたて、自然へかかわれば、思うがままにすべてをコントロールできるという「非詩的」な考え方が普及しているのが現代社会である。この考え方は、「労働の原理」──すなわち、効率性や合理性、金銭優先で物事を考えること──につながる。そのうえ実証も制御もできないことがある。私たちは「非詩的に計算する」ことにまみれ、時として「詩的に大地に住まう」ことを忘れがちだ。

振り返ってみれば、私たち教育者は、子どもの成長や発達を測定し計算して、思いどおりにコントロールしようとしてきたのかもしれない。ところが、測定や計算を抜きにして、感性的かつ共感的に子どもと共に在ることに喜びを見出すような教育もあることに気づく。他者や自然や動植物ともつながりシンフォニーを奏でるように生きる「詩的に大地に住まう」という言葉がそれを示している。大震災が起こり、津波が人々を飲み込んだことは記憶に新しい。コントロールできると考えられてきた原子力発電所も制御できなくなった。科学的な実証や予測など、あらゆるものがあいまいになり、豊かで快適な生活や科学や技術も見直さなくてはならない時代である。主流の教育も見直す必要に迫られているのではないか。

直言すれば、教育者にとって「子どもとともに詩的に大地に住まう」のは、時間も空間も、できる限り緩やかにすることである。しかも、子どもを意図的計画的に教育する意識を少なくして、子どもの想いにとことん寄り添うことでもある。その可能性を信じ、ともに大地で「いま、ここ」の生活を無為に楽しむことである。未来をコントロールするために計算高くなり今を犠牲にし、意識的に何らかの行為をすることではなく、自然や他者とともにあることで満ち足りることである。「詩的に大地に住まう」のは、「あること」の別の表現なのである。

ところで、中沢新一は、人類が原子力発電所という「人工太陽」を作り上げ、太陽からの贈与をないがしろにして生きようとしたという。しかし、東日本大震災は、逆に、人間の脆弱さと自然からの根本的な贈与の必要性を教えてくれたと受け止める。そして、太陽エネルギーの大切さを説いている[15]。大震災と津波という災害と原子力発電所の事故という厄災は、人間が科学的に作り上げた「人工太陽」の危険性を徹底的に教えてくれた。だが、太陽エネルギーの利用という科学技術の発展だけで、エネルギー危機が解消できるわけではない。原子力発電所の運転を中止し、新たな科学技術を用いたエネルギー調達の方法を開発しても、また新たな危機が来るかもしれない。科学技術そのものとの向き合い方も問題となる。

大震災を契機に、エネルギー確保の方法を探るとともに、別の受け止め方をする論者もいる。

内山節は、生態系はときどき攪乱されないと衰弱していくという性格を持っていると指摘する。だから、ある漁師が、「海はときどき海底を掃除したほうがいい。そうすると沈殿物が一掃されて、海の生態系はより豊かになる」という語りを紹介する。つまり、海底の掃除をしてくれるのが津波というわけだ。とすると、東日本大震災による津波は、「恵み」ということになると受け止める[16]。

津波を契機に、中沢は原子力発電所の限界を見て、太陽エネルギーの有効利用を訴える。内山は、津波を「恵み」と捉えて、海と共に生きることを受け止めている。こうした災害をもとにして、我々の環境への現実認識が刷新される。

東日本大震災は自然災害である。だが、原子力発電所の事故は人災である。同一視はできないが、こうした人間が作り出した危機を人間が解決できないわけはない。地震は予防したり止めたりできないが、環境問題は予防したり回避できる。また、自然災害は、受け止め方によって肯定的にも受け入れることが可能になる。今回の新型コロナウイルス感染症も含め、自然災害や人災を契機にして、「詩的」な生き方を含め、生き方を考え直すことが必要となるだろう。

昨今では、環境によいとされる細分化された行動目標を掲げ、単にそれを達成しようとする動向もある。だが、それは環境教育の一部ではあっても全体ではない。丸ごと全部、ラディカルに考えなおす発想法――たとえば「詩的に大地に住まう」といったような生活の哲学――が必要である。なぜなら、すでに見てきたように、人間の生活のしかたそのものとそれを支える哲学が、すべて環境にかかわっているからである。つまり、環境に関する教育学とは、端的に言えばエコロジカルな維持可能性を実現しようとして社会変革を希求する教育学である。

本書の結論を簡潔に言えば、環境教育学は教育学のすべてである。それは、すべての教育学とつながっているという意味である。本書ではそれを精緻に示すことができなかったが、本書の目的である「環境教育のための討議空間を整備すること」は不十分ながらある程度達成できたと思いたい。今後、環境教育学の討議空間が拡充し、環境教育学が発展することに大いなる期待を寄せたい。

おわりに――環境教育学にはディシプリンがない

本書は『環境教育学のために』と題して出版する書物だが、実は、環境教育学のためにならないのではないかという深い疑問を抱いている。このアンビバレントな感情を説明して、「おわりに」としたい。

教育人間学の研究者、西平直は、20世紀のドイツの教育人間学（Pädagogische Anthropologie）の大家であるヴルフ（Christoph Wulf：1944–）が、「教育人間学にはディシプリンがない」と強調していたことを紹介している。[1] 正確には、「教育人間学はディシプリンではない」と解すべきであることも添えている。どちらにしても、教育人間学は一つの独立した研究領域ではないという意味で固定的かつ排他的にならないという肯定的な側面を持ちながらも、境界が定まらない「怪しげな研究領域」であるというやや否定的な意味をもつという意味で、この一文は両義的である。

教育人間学の分野で指摘されていることは、環境教育学にもあてはまるだろう。排他的でない点は長所であり、境界が定まらない点は短所である。だが、教育人間学は決して「怪しげな研究領域」ではないが、いまだに環境教育学は間違いなく「怪しげ」である。教育人間学と比較対照するには両者の懸隔がありすぎるのは承知の上だが、なぜ環境教育学は「怪しげ」なのだろうか。

環境教育学の場合、ディシプリンがないということは二つの脆弱性を示している。一つには、研究方法とそれを支える共通の学問的方法論、および対象とすべき研究領域が定まっていないという意味での脆弱性である。もうひとつの脆弱性は、大学などの研究機関における環境教育という学問分野のカリキュラムが定まっていないことにある。要は、後進となる研究者養成の仕組みがきちんと出来上がっていない。

教育人間学は、東京大学、京都大学、立命館大学等に、その名を冠した学科や専攻、講義名が設置され、研究者養成は進んでいる。研究書や論文も多数刊行されている。まったく対照的に、環境教育に関連する学科名や講座名は消失しつつある。主として教員養成系大学に置かれていた環境教育課程やコースが、教育学部再編にともない、その名称を消失しつつあるからだ。同様に、大学附属の環境教育関連施設も整理統合されて縮小しつつある。研究書の刊行も多くはない。致命的なのは、研究者養成がまったく進んでおらず、その道筋がないことである。

ディシプリンがないというのは、環境教育学の場合、その分野の研究者を育て上げるカリキュラムや訓練方法がないという意味でもある。たとえば、法学教育では、法学概論からはじまり、六法等の細かい法律の事例に至るまで、カリキュラムが整合性を保ちながら体系化されている。また、法律学を学んで社会に有為な人材を育てたり、司法試験を経て、裁判官や弁護士、検察官を育てたりする育成プログラムも整っている。工学教育でも同様である。基礎的な学問分野の学習から始まるカリキュラムを整え、修士課程や博士課程を整備し、研究者養成の訓練方法が確立している。他の学問分野に比べて環境教育はその点が大きく見劣りする。このまま放置すれば、環境教育学という学問が先細り、その研究者が減少するという危惧を抱かざるを得ない。

私事で恐縮だが、環境教育学にディシプリンがないとはいえ、まだ環境教育という用語がさほど流通していなかった1985年に大学に入学して以来、私は卒業論文から修士論文、論文博士の学位論文まで一貫して環境教育に関する研究をしてきた。現在は、一応、環境教育（学）の研究者であるという自覚がある。しかしながら、環境教育（学）の研究者としての訓練を受けたという自覚はまったくない。教育学の手ほどきは十分にうけたが、環境教育学の研究者になる手ほどきはうけないままであった。

だからこそ、いらぬお節介と言われようと私のような力量に欠ける者が無謀の極みだと批判されようと、50歳代後半を迎えて、今後の環境教育の研究者を育てるための道標である基礎理論を構築しようと無謀な企てを試みている。環境教育（学）の研究者が育つことを心の底から願っているのである。空耳かもしれない。だが「余計なことをするな」という環境教育の研究者の先輩や同僚の非難の声がごうごうと聞こえそうだ。非難の理由を勝手に想像すれば、次の通りである。――ディシプリンがない時代でも、どうにかこうにか、大学に定職を有するというだけの限定的な意味でなら、曲がりなりにも「研究者」になってきたではないか、と。そのうえ、逆に、そうしたディシプリンがあるとこじんまりした研究者しか育たないのではないかという批判も想像できる。あるいは、もっと厳しく、「本書で展開した論がほんとに基礎理論ですか」と糾弾されることも予想できる。その批判は甘んじて受ける。

本題に戻って、別の例を挙げてこのことを説明してみよう。――貧乏で苦学して偉くなった研究者や事業家が、時として奨学金のシステムをつくる。要は、自分は若い時に苦学して大変な思いをしたから、若い人のために奨学金を出してやるという人情話である。誰もが賛同するはずのこうした話に、養老孟司が異議を唱えている。「余計なことをするな」というのである。

養老は「自分が貧乏をして苦労して偉くなったんだから、若い者も俺と同じようにしろと、なぜ言わないんだろう[2]」と言う。苦労して、いや、苦労したからこそ、立派な研究者になったのだから、若い人々にも同じ思いをさせたほうがいいというわけである。そして、奥方から「そんなへその曲がったことを言うもんじゃない」とたしなめられている。

慌てて付け加えておくが、私は、貧乏で苦学したところまでは同じだとしても、間違っても養老先生のように優れた研究者ではないので、偉そうなことは言えない。だが、文脈は異なるが「余計なことをするな」と言われることは予想できる。

研究領域という意味でのディシプリンを画定したり、研究者養成の訓練方法のシステムを作ったりすると、環境教育研究者は育たないのではないか。このまま捨て育ちの環境教育研究者がぽつりぽつりと登場するほうが、環境教育の発展になるのではないか。そういう意見もあるだろう。——しかし、私はそうは考えない。

奨学金を得て研究に集中することができ、のちに飛躍する研究者たちが多くの学問領域をリードしている。その豊かな学的可能性は計り知れない。数少ない苦学生がたまに成功する確率を比べれば、分母を増やして多くの研究者の卵が物心共に満たされた研究環境のもとで研究に打ち込むほうが、その研究分野が発展する確率は高いはずだ。それに、環境教育において、基礎理論やカリキュラムの整備は若手の研究者にとって時間的なロスを省くと予想する。そして何よりも、環境教育学という領域で討議するプラットフォームができるので有用であると考える。捨て育ちよりも生育環境を整備したほうが、育ちがいいと想像する。

加えて、「環境教育学はディシプリンではない」こと、つまり、一つの独立した研究領域ではないことも申し添えておきたい。領域を画定できるほど、「環境—教育学」は固定的な狭い領域ではない。「はじめに」で「環境教育とは何であろうとするべきか」という問いを示した。最後にそれに応えるなら、すべての教育が環境教育であるという意味で、「環境教育学は教育学そのものであろうとするべきだ」と結論づけた。そして、環境教育（学）栄えて、環境が滅ぶことのないよう、エコロジカルに見て維持可能な人間社会が構築できることを願っている。

* * *

さて、最後になったが、お世話になった方々に衷心よりお礼を申し上げたい。まずは、京都大学名誉教授の山﨑高哉先生には、学問の手ほどきをうけ、いまだにあたたかくご指導をいただいている。この場を借りて深く御礼を申し上げたい。また、京都精華大学名誉教授の井上有一先生には研究会を通して環境教育と環境倫理の深さと広がりを教えていただいた。滋賀大学教授の市川智史先生には、大学院生時代からご指導をいただき、環境教育とは何かという問いを共有させていただいている。ここではお一人お一人の名前を記すことは差し控えるが、ほかにもたくさんの先生方や研究仲間に恵まれた。数々の学恩が思い起こされ、ただただ感謝の念しかない。

加えて、昨今、出版状況が極めて厳しくなっているなかで、本書の価値をお認めいただき、出版を快くお引き受けくださったためるくまーる代表取締役の梶原正弘氏に深甚の感謝をしたい。梶原氏には、本書の原稿を丁寧にお読みいただき、文章表現や註をはじめ編集の細部に至るまでご助言をいただいた。優れた編集者に出会えて幸せだった。また、かつて、拙著『アイスブレイク：出会いの仕掛け人になる』の編集と出版では、当時は晶文社に勤務されていたライフサイエンス出版の奥村友彦氏にもお世話になった。今回も、奥村氏には梶原氏をご紹介いただき、出版に向けて熱心に背中を押していただいた。梶原氏と奥村氏のご理解とご協力がなければ、本書は刊行にこぎつけられなかっただろう。深謝の意を表したい。

ほんとうに様々な人たちとのすてきな出会いと交流がなければ、ここに本書を上梓することはできなかった。出会えたすべての皆様に心より感謝したい。

ところで、表紙の絵は向井潤吉画伯の『川と民家』である。生まれ育った奈良県吉野町の風景にどこか似ていて大好きな絵である。このような風景が、エコロジカルにみて維持可能な社会であるというイメージを持っている。そのためこの絵で表紙を飾らせていただいた。画像データをご提供いただいた世田谷美術館、ならびに向井潤吉アトリエ館の皆様に御礼を申し上げたい。

最後になったが、学生時代、学業を続けることを許し支えてくれた母といまは亡き父に深く感謝したい。そして、研究生活をあたたかく支えてくれている妻・千香子と三人の息子たちにもこの場を借りて心から礼を言いたい。

※付記
本書は、科学研究費補助金（基盤研究（C））「環境教育の基礎理論に関する教育学的研究」（研究代表者　今村光章、研究期間　２０１９年度－２０２２年度）の交付を受けた研究成果がもとになっている。この助成がなければ、本研究はこのような形をとることはなかった。ここに記して謝意を表したい。

註

序章　本書の課題と構成

(1) ペスタロッチー.J（東岸克好・米山弘訳）『隠者の夕暮・白鳥の歌・基礎陶冶の理念』、玉川大学出版部、1989年、118頁、および、347頁。
(2) ブレツィンカ.W（小笠原道雄・坂越正樹監訳）、『信念・道徳・教育』、玉川大学出版部、1995年、325頁。
(3) 鈴木善次『環境教育学原論：科学文明を問い直す』、東京大学出版会、2014年。
(4) 鈴木善次『人間環境教育論：生物としてのヒトから科学文明を見る』、創元社、1994年。
(5) 同前書、2014年、77頁。
(6) 市川智史『日本環境教育小史』、ミネルヴァ書房、2016年。
(7) 大澤力『幼児の環境教育論』、文化書房博文社、2011年。
(8) 井上美智子『幼児期からの環境教育：持続可能な社会にむけて環境観を育てる』、昭和堂、2012年。
(9) 降旗信一『現代自然体験学習の成立と発展』、風間書房、2012年。
(10) 高橋正弘『環境教育政策の制度化研究』、風間書房、2013年。
(11) 今村光章『環境教育という〈壁〉：社会変革と再生産のダブルバインドを超えて』、昭和堂、2009年。
(12) メドウズ.D.H、メドウズ.D.L、ラーンダズ.J、ベアランズ三世.W・W（大来佐武郎訳）『成長の限界：ローマ・クラブ「人類の危機」レポート』、ダイヤモンド社、1972年、186頁。

（1）阿部治「環境教育をめぐる用語の整理」、『学校保健研究』、33－4、1991年、160－164頁。
（2）井上美智子「保育と環境教育の接点：環境という言葉をめぐって」、環境教育、4－2、1995年、25－33頁。
（3）川原庸照・萩原秀紀・川崎謙「環境教育における地球環境と地域環境」、環境教育、8－1、1998年、3－4頁。
（4）佐島群巳他『環境教育指導事典』、国土社、1996年。
（5）田中春彦編集『環境教育重要用語300の基礎知識』、明治図書出版、2000年。
（6）日本生態系協会編著『環境教育がわかる事典：世界のうごき・日本のうごき』、柏書房、2001年。
（7）市川智史『日本環境教育小史』、ミネルヴァ書房、2016年、92－133頁。
（8）山田常雄・前川文夫・江上不二夫・八杉竜一・小関治男・古谷雅樹・日高敏隆編集『生物学事典』（第2版）、岩波書店、1977年、226頁。
（9）Stein, J. (ed.), 1966, "The Random House Dictionary of the English Language", New York.
（10）國廣哲彌ら編『小学館 RandomHouse, English-Japanese Dictionary, Second Edition』、1993年。
（11）Skeat. W. U., 1911, "Concise Etymological Dictionary of the English Dictionary", Oxford, p.763.
（12）柴田良稔の語源的考察によれば、大体9世紀ごろには、"milieu"が「身体が占める場所」として用いられていたとはいえ、この語は19世紀ごろまでは日常語としてはめったに使用されることがなかったと説明されている。この点については、柴田良稔『環境と共生の教育学：総合人間学的考察』、大空社、1998年、137－138頁を参照した。
（13）この点に関しては、大槻鉄男・佐々木康之・多田道太郎・西川長夫・山田稔編『クラウン仏和辞典』（第2版）、三省堂、1984年、および、小学館ロベール仏和大辞典編集委員会編『小学館ロベール仏和大辞典』、小学館、1988年を参照した。
(14) 代表的なものとして、和田修二・山﨑高哉編『人間の生涯と教育の課題：新自然主義の教育学試論』、昭和堂、1988年、3-5頁、または、村井実『教育学入門（上）』、講談社、1976年、17-18頁、などがある。
(15) 森昭『現代教育学原論』（改訂二版）、国土社、1975年、41頁、および、岡田渥美編『老いと死：人間形成論的考察』、玉川大学出版部、1994年、2-3頁を参照にした。
(16) この点については、ブレツィンカ.W（小笠原道雄訳）『教育科学の基礎概念：分析・批判・提案』、黎明書房、1980年を参照した。
(17) 『日本国語大辞典』、小学館、1997年。
(18) 宋濂等撰『元史・余闕伝』、中華書局、1997年。
(19) この点については、丸山徳次「『環境』概念について：研究ノート」、『龍谷哲学論集　第12号』、1998年を参照した。ただし、ここでは、翻訳語として導入された「環境」について、明治期以降の文献を調査するにとどめたので、明治期以前の文献に、環境という用語が全く使われていなかったとは断言できない。
(20) 1924年には、朝永は『哲學辭典』で、「環象或は圍繞界」と題された項目に、「生物に影響を及ぼすべき外界の事情及境遇の総称なり。又、生物を構成する部分或は細胞に対して基生物全体をも環象と称す。此語はハーバート・スペンサーが生物学の術語として用いて以来広く世に行はるるに至れり（後略）」（朝永三十郎『哲学辞典』、寶文館、1924年、8頁）と説明しているが、1902年の版ではそうした説明はない。
(21) 大日本百科辞書編纂局編『哲学大辞書』、同文館、1912年、284頁。
(22) 同前書、248頁。
(23) 宮本和吉・高橋譲・上野直昭・小熊虎之助編『岩波哲学辞典』、岩波書店、1922年、162頁。

(24) 同前書、162頁。
(25) 同書、162頁。
(26) 『大思想エンサイクロペジア』、清揚社（非売品）、1929年、45頁。
(27) 伊藤吉之助編輯『岩波哲学小辞典』、岩波書店、1930年。
(28) 甘粕石介・樺俊雄・加茂儀一・佐藤慶二・武田良三・早瀬利雄共著『哲学小辭典』、霞書房、1948年、47-48頁。
(29) 沼田眞『環境教育論：人間と自然とのかかわり』、東海大学出版会、1982年、2頁。
(30) この点に関しては、沼田眞「生態学から見た環境教育」（伊東俊太郎編、『講座文明と環境 環境倫理と環境教育』、朝倉書店、所収）、1996年、139頁を参照した。
(31) 小橋佐知子「環境教育の歴史的変遷」（加藤秀俊編『日本の環境教育』、河合出版、所収）、1991年、19頁。
(32) 尋常小学校で当初「理科」は導入されていなかったが、高等小学校より「理科」が導入され、旧制の中学校以降には理科が導入されていたので、当初より教科書は多数存在していたはずだが、残念ながら当時の小学校における理科の教科書は入手できなかった。
(33) 理科以外の教科書も当ってみたが、管見する限りでは、1904年以前の教科書の中では、「環境」という用語は見当たらない。1904年から1910年までの6年間は、児童用の理科の教科書の使用が禁止されていたためか、1910年以前の教科書で現存する資料が希少であり、全ての教科書を網羅して検討することは不可能である。1910年以降1945年までの資料についても同様で、これ以上の言及は差し控えざるをえない。
(34) 池田榮太郎『蠶體生理学教科書』、明文堂、1908年、123-139頁。
(35) 和辻哲郎『風土』、岩波書店、1979年（初出は1935年）。
(36) 和辻、同前書、5頁。

(37)この点については、中岡成文「〈境界〉の制作：30年代思想への接近」(『思想』、1997年12月号(第882号)所収)、1997年、および、丸山徳次、同前書、1998年などを参照した。
(38)大瀬甚太郎『教育学』、金港堂書店、1891年。
(39)ここでの引用は、稲垣忠彦編『教育学説の系譜』、国土社、1972年、60頁によった。ただし、筆者の責任で、旧字体は新字体に、カタカナをひらがなに改めた。以降の引用も同様である。
(40)小泉又一『教育学』、大日本図書、1904年。
(41)野田義夫『教育学概論』、同文館、1915年。
(42)谷本富『教育学大全』、同文館、1923年、153頁。
(43)篠原助市『教育学綱要』、寶文館、1926年、37-39頁。
(44)乙竹岩造『新教育学』、培風館、1925年、6頁。
(45)同前書、310頁。
(46)木下竹次『世界教育学選集　学習原論』、明治図書出版、1972年、95頁。
(47)この点については、安藤聡彦・新田和子「文献改題　人間と環境とのかかわりをとらえなおす：環境教育の周辺」、[季刊]『人間と教育』、1996年、109-118頁、および、市川智史「持続可能な社会に向けた環境教育」、平成10年度鳴門教育大学　学校教育研究センター客員研究員(国内I種)研究プロジェクト報告書(NO.9)『教員養成課程における環境教育カリキュラムの開発』、1999年、103-112頁、においても指摘されている。こうした指摘を受け、市川智史は『日本環境教育小史』(ミネルヴァ書房、2016年、93頁)で、日本での環境教育の最も早い使用例としている。
(48)松永嘉一『人間教育の最重点環境教育論』、玉川学園出版部、1933年、4頁、および、563頁。
(49)倉橋惣三『幼児期の心理と教育』(『大正・昭和保育文献集　第八巻』、日本らいぶらり、所収)、1978年。

（50）同前書、１１８-１１９頁。
（51）同書、86頁。
（52）Busemann, A. 1932, "Pädagogische Milienkunde", Pädagogischer Verlag Hermann Schroedel.
（53）正木正「環境学の方法論」、『教育』、第5巻第8号、１９３７年。
（54）城戸幡太郎「幼児教育論」（『大正・昭和保育文献集、第十巻』、日本らいぶらり、所収）、１９７８年、３３４-３３５頁。
（55）安藤聡彦「理論と実践の響き合いに学ぶ」（環境教育シリーズ『学校と環境教育』東海大学出版会、所収）、１９９３年、２３５頁。
（56）この点については、阿部治「環境教育はいつ始まったか」、地理、35-12、１９９０年、21-27頁、および、Sterling, S, "25years in a nutshell", CEE, Annual Review of Environmental Education, 1994, pp. 8-10. および、市川智史『日本環境教育小史』、ミネルヴァ書房、２０１６年、92-１１１頁を参照した。
（57）Disinger, J. F, 1985, "What Research Says", School Science and Mathematics Volume 85 (1) January.
（58）ibid.
（59）坂本藤良スタディグループ訳編『ニクソン大統領　公害教書』、日本総合出版機構、１９７０年、４１１-４２５頁。
（60）"Declaration of the United Nations Conference on the Human environment", FINAL DOCUMENTS [Adopted on June 16, 1972], p.1458.
（61）大内正夫「理科教育の課題と環境教育」、『京都教育大学理科教育研究年報』、第2巻、１９７２年、29-38頁。
（62）小金井正巳「理科教育は公害問題にどう対処すべきか」、理科の教育、28-3、１９７２年、23-26頁。

(63)榊原康男「環境教育の基本的性格と人類史的意義」、社会科教育、146、1976年、5-10頁。
(64)原子栄一郎「持続可能性のための教育論」（藤岡貞彦編『〈環境と開発〉の教育学』、同時代社、所収）、1998年、86-109頁。
(65)同前書、92頁。
(66)Orr. D, 1992, "Ecological literacy", Albany : Stateuniversity of New York Press, New York, p.90.
※引用文献の年号が本文中の年号と合致しない書物の引用は、復刻版あるいは再版の書物である。

第二章　黎明期の環境教育成立史に関する教育学的考察

(1)福島要一『環境教育の理論と実践』、あゆみ出版、1985年。
(2)たとえば、佐島群巳編『地球化時代の環境教育1　環境問題と環境教育』、国土社、1992年、66-94頁、111-119頁、120-142頁に歴史的な記述がみられる。
(3)福島達夫『環境教育の成立と発展』、国土社、1993年。
(4)市川智史『日本環境教育小史』、ミネルヴァ書房、2016年。
(5)アメリカ環境教育法（1970）は、環境教育を「人間を取り巻く自然及び人為的環境と人間との関係を取り上げ、その中で人口、汚染、資源の配分と枯渇、自然保護、運輸、技術、都市、田舎の開発計画等が、人間環境に対してどのようなかかわりを持つかを理解する教育過程」と定義している。そのため、環境問題解決へ向けての行動実践や参加という方向性は見当たらない。しかし、幅広い分野にわたって環境教育が展開するということが予見され、人口から田舎の開発計画に至るまで、幅広く人間の生活と環境との関係を把握している。なお、この法律は10年の時限立法（暫定法）で、その後、二度延長されたが1983年に失効し、1990年に「全米環境教育法（The

National Environmental Education Act PL101-619)」が制定されている。この点については、阿部治「環境教育をめぐる用語の整理」、『学校保健研究』、33-4、1991年を参照した。また、アメリカにおける環境教育に関しては、ディッシンジャー.J.F.フロイド.D.W「アメリカにおける環境教育――歴史と現状」(佐島群巳・中山和彦編『世界の環境教育』、国土社、所収)、1993年に詳しい。具体事例は、マックウエイ.P.J「アメリカの小学校での理科教育の問題点と環境教育」(佐島群巳・中山和彦編『世界の環境教育』、国土社、所収)、1993年を参照した。

(6)『成長の限界』とは、1972年にローマクラブが発表した報告書である。人口、環境汚染、資源埋蔵量、一人当たりの食糧生産高、一人当たりの工業生産高から、世界の将来を予測した。その結果、このまま人口が増加し、環境汚染が続けば、21世紀に資源は枯渇し、環境汚染は悪化、人口は飢餓や災害などで激減するという破滅的なシナリオが示された。地球的な視野から環境問題を論じた先駆的な報告書といえる。この点については、メドウズ.D.H、メドウズ.D.L、ラーンダズ.J、ベアランズ三世.W・W(大来佐武郎訳)『成長の限界:ローマ・クラブ「人類の危機」レポート』、ダイヤモンド社、1972年を参照した。

(7)市川智史「日本の環境教育の流れ」、『環境教育のカリキュラム開発に関する研究報告書(平成8年度)』、国立教育研究所、1997年を参照した。

(8)中山和彦「1 世界の環境教育とその流れ:ストックホルムからトビリシまで」(佐島群巳・中山和彦編『地球化時代の環境教育4 世界の環境教育』、国土社、所収)、1993年、12-13頁、および、中山和彦「環境教育の現状と問題点:国際的な流れを通して」、科学教育研究、5-3、1981年を参照した。

(9)ストックホルム会議では、毎年6月5日を「世界環境の日(World Environment Day)」とすることが決められたが、市川智史によれば、これは日本とセネガルの共同提案であるという。日本ではかつて6月5から11日までを環境週間としてきたが、1991年からは6月を中心に約1ヶ月間を環境月間としているほか、1993年の「環境基本法」で、6月5日を「環境の日」とすることが定められている。

(10) この会議は「リオ+10」とも呼ばれており、各国首脳や政府代表者、様々な国連関係の機関、市民団体(NGO/NPO)、産業界などから数万人ともいわれる人々が参加した。また、本文で触れた会議や条約以外にも、環境と環境保全、自然保護に関する国際条約や国際会議は膨大な数にのぼるが、そこにも環境教育に関連する言及がある。

(11) たとえば、日本児童教育振興財団編『環境教育実践マニュアル:全国小学校・中学校環境教育賞優秀事例報告 vol.1』、小学館、1995年、あるいは、藤村コノヱ『環境学習実践マニュアル:エコ・ロールプレイで学ぼう』、国土社、1995年、また、住宅総合研究財団住教育委員会編『まちはこどものワンダーらんど:これからに環境学習』、風土社、1998年、鳩貝太郎・下野洋編、『ピンポイント新教育課程実践:環境をテーマにした学習活動50のポイント』(教職研修増刊)、2002年など多数の実践関係の書物が出されている。

(12) 福島達夫『環境教育の成立と発展』、国土社、1993年、および、福島要一『環境教育の理論と実践』、あゆみ出版、1985年を参考にした。

(13) リット.Th(石原鉄雄訳)『教育の根本問題:指導か放任か』、明治図書出版、1971年、18頁。

(14) シュプランガー.E(村田昇・片山光宏共訳)「教育の未来に及ぼす影響と限界」、『教育学的展望:現代の教育問題』、東信堂、1987年、16頁。

(15) シュプランガー、同前書。

(16) 同書、29-31頁。

(17) WCED「Our Common Future(邦題:われら共有の未来)」、1987年。

(18) 福島達夫『環境教育の成立と発展』、国土社、1993年。

(19) 佐島群巳「学校における環境教育」(佐島群巳・堀内一男・山下宏文編『学校の中での環境教育』、

国土社、所収)、1992年、12頁。

(20) 藤岡貞彦「日本における環境学習の成立と展開」(福島要一編『環境教育の理論と実践』、あゆみ出版、所収)、1985年、133頁。

(21) 沼田眞『環境教育論：人間と自然とのかかわり』、東海大学出版会、1982年、18頁。

(22) 沼田眞『環境教育のすすめ』、東海大学出版会、1987年、i頁。

(23) この点に関しては、中山和彦「世界の環境教育とその流れ：ストックホルムからトビリシまで」(佐島群巳・中山和彦編『世界の環境教育』、国土社、所収)、1993年、8頁、および、27頁の〔註〕2を参照した。

(24) 小橋佐知子「環境教育の歴史的変遷」(加藤秀俊編『日本の環境教育』、河合出版、所収)、1991年、6-25頁。

(25) 郷土科については、若林身歌「ドイツ・バイエルン州における環境教育：『環境教育大綱』および「事実—郷土科」教科課程の分析」、『関西教育学会紀要』、23、1999年、206-210頁を参照した。また、岸本実「環境教育の風土論的アプローチ」(グループ・ディダクティカ編『学びのためのカリキュラム論』、勁草書房、所収)、2000年、180-199頁では、琵琶湖とその周辺の地域の人々の暮らしについて教材化された実践を検討することを通して、風土論的な環境教育論が展開されている。

(26) 藤岡貞彦「〈環境と開発〉の教育学および教育的価値の社会的規定性をめぐって」、『教育』、595、国土社、1995年、73-83頁。

(27) この点に関しては、木俣美樹男「戦後日本の環境問題と環境教育の編成」(西村俊一・木俣美樹男編『地球環境と教育：未来をひらく緑のヴィジョン』、創友社、所収)、1996年を参照した。

(28) 文部省『環境教育指導資料(中学校・高等学校編)』、大蔵省印刷局、1991年。

(29) ここでの翻訳は、環境庁長官官房国際課『国連人間環境会議の記録』、1972年、170-172

頁を参照した。
(30) UNESCO-UNEP, 1976, "Environmental Education Newsletter Connect", I-1.
(31) この点に関しては、中山和彦「世界の環境教育とその流れ：ストックホルムからトビリシまで」(佐島群巳・中山和彦編『世界の環境教育』、国土社、所収)、1993年、8-28頁に詳しい。
(32) UNESCO-UNEP, 1978, "Environmental Education Newsletter Connect", Ⅲ-2.
(33) 文部省『環境教育指導資料　中学校・高等学校編』、1991年。

第三章　環境問題史に関する基本的考察

(1) "environmental history"は「環境歴史学」とも訳されている。たとえば、石弘之「いまなぜ環境史なのか」(石弘之・樺山紘一・安田喜憲・義江彰夫編『環境と歴史』ライブラリ相関社会科学：6、新世社、所収)、1999年を参照した。
(2) アーノルド, D(飯島昇蔵・川島耕司訳)『環境と人間の歴史：自然、文化、ヨーロッパの世界的拡張』、新評論、1999年を参照した(原題：David Arnold, "The Problem of Nature", Wiley-Blackwell, 1996)。
(3) こうした考えかたは、オプスコール, Hの発案による「環境空間」の考え方によるものである。また、ザックス, W、ロスケ, R、リンツ, M(佐々木健・佐藤誠・小林誠訳)(ウッパタール研究所編『地球が生き残るための条件』、家の光協会、所収)、2002年、26-27頁を参照した。
(4) アイゼンバッド, M(山県登訳)『ヒューマンエコロジー環境・技術・健康：環境科学特論』、産業図書、1981年、18頁。(原著は"The environment, Technology & Health", New York University, 1978.)
(5) 同前書、16頁。

（6）同書、25頁。
（7）同書、4-40頁。
（8）同書、19頁。
（9）マコーミック.J（石弘之・山口裕司訳）『地球環境運動全史』、岩波書店、1998年、1頁。
（10）同前書、1-2頁。
（11）同書、2頁。
（12）アイゼンバッド、前掲書、87頁。
（13）マルサス.T.R（永井義雄訳）『人口論』、中央公論新社、1973年。
（14）リン・ホワイト.J（青木靖三訳）『機械と神：生態学的危機の歴史的根源』、みすず書房、1972年、86頁。
（15）関根正雄訳『創世記』、岩波書店、1967年、11頁。
（16）飯島伸子「環境問題の暦外環境社会学」（舩橋晴俊・飯島伸子編、『講座社会学　環境』、東京大学出版会、所収）、1998年、1-2頁。
（17）同前書、4頁。
（18）同書、1-42頁。飯島らが明らかにしているように、現代的な意味での環境問題解決のための戦略としての環境教育に先立って地域的な環境問題が存在する。そのため、学校教育以外の場で、市民の中に存在してきた「教え-学び」もあったことに留意しておく必要性がある。
（19）飯島伸子『環境社会学』、有斐閣、1993年、10頁。
（20）カーソン.R（青樹簗一訳）『生と死の妙薬：自然均衡の破壊者化学薬品』、新潮社、1964年。
（21）上田洋匡「酸性雨」（大来佐武郎監修『地球規模の環境問題〈1〉』、中央法規出版、所収）、1990年、189頁、および大喜多敏一編「酸性雨」、気象研究ノート、158、日本気象学会、1987年を参照した。

(22) 1896年に、アレニウスという人物が、二酸化炭素濃度が2倍になったときの気温の上昇幅を計算したといわれている。この点については、大来佐武郎監修、同前書、5頁、および、日本経済新聞社編『ベーシック／地球環境問題入門』、日本経済新聞社、1992年、19頁を参照した。

(23) 和田武『地球環境論：人間と自然との新しい関係』、創元社、1990年、69頁、天谷和夫「大気と地球環境」（新井惠雄・宮沢栄次『環境問題の諸相：危機と希望』、理工図書、所収）、1998年、9-11頁、および、林智・矢野直・青山政利・和田武著『地球温暖化を防止するエネルギー戦略：太陽と風は地球環境を救えるか』、実教出版、1997年を参考にした。

(24) オゾン層の破壊問題については、ドット.L、シッフ.H（見角鋭二・高田加奈子訳）『オゾン戦争：蝕まれる宇宙船地球号』、社会思想社、1982年、および、天谷和夫「大気と地球環境」新井惠雄・宮沢栄次『環境問題の諸相』、理工図書、所収）、1998年、9-13頁、および、前掲の『地球規模の環境問題〈1〉』を参照した。

(25) 和田武「新たな段階に入った環境破壊」（関西唯物論研究会編『環境問題を哲学する』文理閣、所収）、1995年、34-38頁。

(26) 環境庁編『環境白書平成2年版』、1990年。

(27) 和田武『環境問題を学ぶ人のために』、世界思想社、1999年、1-20頁、および、和田武「新たな段階に入った環境破壊」（関西唯物論研究会編『環境問題を哲学する』、文理閣、所収）、1995年、25-60頁を参照した。

(28) 環境庁編『環境白書平成2年版』、1990年。

(29) グローバル・フェミニズムやジェンダーの問題は、ブライドッチ.R、チャルキエヴィッチ.E、ホイスラー.S、ワイヤリンガ.S（壽福眞美監訳）『グローバル・フェミニズム：女性・環境・持続可能な開発』、青木書店、1999年を参照した。

(30) 坂田俊文監修、ジオカタストロフィ研究会編『ジオカタストロフィ』、日本放送出版協会、

１９９２年。
(31) ディープ・エコロジー運動については、アルネ・ネス（斉藤直輔・関龍美訳）『ディープ・エコロジーとは何か：エコロジー・共同体・ライフスタイル』、文化書房博文社、１９９７年を参照した。
(32) 阿部治・市川智史・佐藤真久・野村康・高橋正弘「環境と社会に関する国際会議：持続可能性のための教育とパブリック・アウェアネスにおけるテサロニキ宣言」、『環境教育』、18-4、１９９４年、71-74頁。

第四章　環境教育に対する教育学的アプローチの基盤

(1) シューマッハー, E.F（小島慶三・酒井懋訳）『スモール・イズ・ビューティフル：人間中心の経済学』、講談社、１９８６年、１３０頁。
(2) Donella H. Meadows et al., 1972, "The Limits to Growth", New York univers Books.
(3) ＭＩＴチームとローマクラブ、および『成長の限界』については、ド・スタイガー, J. E（新田功・蔵本忍・大森正之訳）『環境保護主義の時代：アメリカにおける環境思想の系譜』、多賀出版、２００１年を参照した。
(4) ヴァイツゼカー, C. F. v（座小田豊訳）『時は迫れり：現代世界の危機への提言』、法政大学出版局、１９８８年、24頁。
(5) メドウズ, D. H、メドウズ, D. L、ランダース, J（茅陽一監訳）『限界を超えて：生きるための選択』、ダイヤモンド社、１９９２年。
(6) キング, A、シュナイダー, B（田草川弘訳）『第一次地球革命：ローマクラブ・リポート』、朝日新聞社、１９９２年。
(7) ワイツゼッカー, E. U. v、ロビンス, E. B、ロビンス, L. H（佐々木建訳）『ファクター４：豊かさを2倍に、資源消費を半分に』、財団法人省エネルギーセンター、1998年。
（8）フランクル.V.E（山田邦男・松田美佳訳）『それでも人生にイエスと言う』、春秋社、1993年。
（9）Fromm, E, "To have or to be ?", Bantam Books, 1976.
（10）ケレーニイ.K（岡田素之訳）『ディオニューソス：破壊されざる生の根源像』、白水社、1993年、9-20頁。
（11）フロム.E（作田啓一・佐野哲郎訳）『希望の革命：技術の人間化をめざして』（改訂版）、紀伊国屋書店、1970年、31-32頁。
（12）ランゲフェルド.M.J「技術社会における文化と教育」（岡田渥美・和田修二監訳『教育と人間の省察』、玉川大学出版部、所収）、1974年、184頁。
（13）同前書、184-192頁。
（14）リット.Th（小笠原道雄訳）『技術的思考と人間陶冶』、玉川大学出版部、1996年、10-14頁。
（15）ヘンダーソン.J.L、玉川大学教育学科編『J.L.ヘンダーソン講演集：人類生存のための教育』、玉川大学出版部、1981年、49頁。
（16）オルテガ.y.G（桑名一博訳）『大衆の反逆』、白水社、1985年、105頁。
（17）椙山正弘・田中俊雄『地球環境と教育』、ミネルヴァ書房、1992年。
（18）竹中暉雄・中山征一・宮野安治・徳永正直『時代と向き合う教育学』、ナカニシヤ出版、1997年、146頁。
（19）原子栄一郎「持続可能性のための教育論」（藤岡貞彦編、『〈環境と開発〉の教育学』、同時代社、所収）、1998年、86-109頁。
（20）北村和夫『環境教育と学校の変革：ひとりの教師として何ができるか』、農山漁村文化協会、2000年。
（21）フィエン.J（石川聡子・石川寿敏・塩川哲雄・原子栄一郎・渡部智暁訳）『環境のための教育：批

判的カリキュラム理論と環境教育』、東信堂、２００１年、４頁。（Fien, J, 1993, "Education for Environment : Critical curriculum theorising and environmental education", Deakin University Press, Geelong, Australia.）

（22）教員養成系大学における環境教育科目の状況については、市川智史・今村光章「教員養成における環境教育カリキュラムの開発（１）：教員養成系大学・学部等における環境・環境教育科目」、滋賀大学教育学部紀要Ⅰ　教育科学　第50号（２０００）、２０００年、67－79頁、ならびに、「教員養成における環境教育カリキュラムの開発（２）：「環境教育論（講義）」の提案」、滋賀大学教育学部紀要Ⅰ　教育科学　第50号（２０００）、２０００年、81－88頁の調査を参照した。全国の教員養成系大学で、当時、約１０００の環境関連科目が開講されている状況がわかる。

（23）高村泰雄・丸山博『環境科学教授法の研究』、北海道大学図書刊行会、１９９６年、８頁。

（24）Lucus, A. M. 1991, "Environmental Education : What is It For Whom, For What Purpose, and How ?, "Shoshana Keiny and Uri Zoller.（ed.）, CoceptualIssues in Environmental Education, Petr Lang, pp. 27-28.

（25）ボルノー, O. F（浜田正秀訳）『人間学的に見た教育学』、玉川大学出版部、改訂第二版、１９７１年。

第五章　環境教育学の学理論に関する基礎的考察

（１）川嶋宗継・市川智史・今村光章編『環境教育への招待』、ミネルヴァ書房、２００２年。

（２）降旗信一・高橋正弘編著、阿部治・朝岡幸彦監修『現代環境教育入門』、筑波書房、２００９年。

（３）御代川喜久夫・関啓子『環境教育を学ぶ人のために』、世界思想社、２００９年。

（４）日本環境教育学会編『環境教育』、教育出版、２０１２年。

（５）水山光春編『よくわかる環境教育』、ミネルヴァ書房、２０１３年。

(6) Stevenson, R. B., Brody. M., Dillon, J., Wals, A E. J. ed, 2013, "International Handbook of Research on Environmental Education", Routledge New York.

(7) 鈴木善次『環境教育学原論：科学文明を問い直す』、東京大学出版会、２０１４年。

(8) 鈴木、同前書、９頁。

(9) 三谷高史・小山田和代・関啓子「日本の環境教育研究の動向」、〈教育と社会〉研究、18、２００８年、71－79頁。

(10) 野村康「日本における環境教育研究の特徴と課題：学会誌の傾向からみた公害教育研究の意義を中心に」、環境教育、25－1、２０１５年、82－95頁。

(11) この点については、小澤紀美子・鈴木善次・川嶋直・木俣美樹男・高城英子・田邊龍太・谷口文章・山田卓三・渡辺隆一「〈座談会〉過去に学び、今を知り、未来を探る：日本環境教育学会の20年から」、『環境教育』、19－1、２００９年、53－67頁、および、降旗信一「環境教育研究の到達点と課題」、『環境教育』、19－3、２０１０年、76－87頁を参照した。

(12) この点については、『環境教育』、19－1、２００９年を参照にした。体系化については、丸山博「自然の階層論に基づく『環境科学』教育の体系化」、環境教育、1－1、１９９１年、4－10頁、丸山博「環境教育目的論の検討と環境教育体系化の試み」北海道大学教育学部紀要、61、１９９３年、89－１０４頁を参照した。

(13) 日本環境教育学会『日本環境教育学会10周年記念誌』、２００１年、7頁。

(14) この点については、佐藤学「実践的探究としての教育学：技術的合理性に対する批判の系譜」、教育学研究、63－3、１９９６年、２７８－２８５頁、佐藤学『教師というアポリア：反省的実践へ』、世織書房、１９９８年、佐藤学「教師の実践的思考のなかの心理学」（佐伯胖・宮崎清孝・佐藤学・石黒広昭『心理学と教育実践の間で』東京大学出版会、所収）、１９９８年、9－55頁、および、ショーン, D. A（佐藤学・秋田喜代美訳）『専門家の知恵：反省的実践家は行為しながら考える』、ゆみる出版、２００１年を参照した。

（15）河合隼雄『臨床教育学入門』、岩波書店、１９９５年。

（16）マイケル・ポラニー（佐藤敬三訳）『暗黙知の次元：言語から非言語へ』、紀伊國屋書店、１９８０年。

第六章　環境教育ダブルバインド論を超えて

（1）文部省『環境教育指導資料（中学校・高等学校編）』、大蔵省印刷局、１９９１年。

（2）ベイトソン.G（佐藤良明訳）『精神の生態学』、新思索社、２０００年、６６９頁。

（3）文部省、『環境教育指導資料（中学校・高等学校編）』、６頁。

（4）教育と環境の関係は教育学において主題化されているが、Busemann.A, "Handbuch der Pädagogischen Milieukunde", Pädagogischer Verlag Hermann Schroedel, Halle（Saale）, 1932. に注目したい。また、日本では、それをもとに山下俊郎が１９３７年に、『教育的環境学』（岩波書店）を出版しており、それより5年前の１９３２年には細谷俊夫が『教育環境學』（目黒書店）を出版している。

（5）Bowers. C. A, 1995a, "Toward an ecological perspective", Critical conversations in Philosophy of Education, Edited ; Wendy Kohli, Routledge, New York、および, Bowers.C.A., 1995b, "Educating for an Ecologically sustainable culture : Rethinking Moral Education, Creativity, Intelligence, and Other Modern Orthodoxies"（Suny Series I）. State University of New York Press, New York. など。残念ながら、バワーズのダブルバインドという用語は、ベイトソンの用語法とは異なっている。ここでは、単なるジレンマという意味や、ダブルスタンダード、といった意味で理解しておきたい。

（6）この点に関しては、アルチュセール．L（柳内隆訳）『アルチュセールの〈イデオロギー〉論』、三交社、１９７０年を参考にした。
（7）Bowers, 1995a, pp. 314-317.
（8）ibid., pp. 314-315. および、Bowers. 1995b, p. 25, など多数の個所でこうした見解が示される。
（9）Bowers, 1995b, pp. 23-40.
（10）Bowers. C. A, 1993, "Critical Essays on Education, Modernity, and the Recovery of the Ecological Imperative", p. 183, および、1995a, p. 319.
（11）アーミッシュ社会と教育との関係に関しては、藤田英典「教育・国家・コミュニティ」、東京大学教育学部紀要、31、１９９１年、95－１０８頁を参照した。
（12）この点については、善財利治「先住民族の『環境倫理』と『持続可能な開発』に視点をあてた中学校社会科の授業」、平成６、７年度科学研究費　総合研究（A）研究成果報告書、『国際理解教育の教材と教員研修に関する国際的比較研究』、１９９７年におけるカナダのイヌイットの例を参照した。
（13）Bowers, 1995b, pp. 178-218.
（14）Bowers, 1993, pp. 179-201.
（15）消費の制限論に関しては、ゴルツ, A（高橋武智訳）『エコロジスト宣言』、緑風出版、１９８３年、62－64頁を参照した。
（16）消費倫理といわれるものは成立していないが、Shrader-Frechette. K. S, 1981, "Environmental Ethics", The Boxwood Press, USA, pp. 154-193. などでその端緒が見受けられる。
（17）この点については、Durning. A. T, 1992, "Asking How Much is Enough ?: Consumer Society and the Future of the Earth, W. W. Norton & Company", pp. 153-170.（山藤泰訳『どれだけ消費すれば満足なのか：消費社会と地球の未来』、ダイヤモンド社、１９９６年）を参照した。

(18) この点については、今村光章「消費者教育における〈消費の制限〉の可能性」、『消費者教育』第17冊、１９９７年、25‐36頁で詳述した。

(19) Bowers. C. A, 1997, "The Culture of Denial : Why the Environmental Movement Needs a Strategy for Reforming Universities and Public Schools", State Unversity of New York Press, Albany, p. 3.

(20) Orr. D, 1992, "Ecological literacy", Albany : State university of New York Press, New York, p. 90.

(21) Bowers, 1995b, p. 23, p. 36, p. 181, および、Bowers, 1997, p. 15, p. 240, など多数の個所でこうした論が展開されている。

(22) 教育の営みを問い直す契機としての環境教育の役割に関しては、環境教育の成立時、すでに１９６９年の "The Journal of environmental Education" の第一巻において、William Stapp が指摘していた。日本では、１９９１年に北村和夫・岩田好宏らが雑誌『教育』、５３５‐５３７、１９９１年、に掲載した諸論文、あるいは、福島達夫『環境教育の成立と発展』、国土社、１９９３年など多数ある。

(23) Bowers, 1997, pp. 2-3.

(24) 文明問い直し論に関しては、鈴木善次『人間環境教育論：生物としてのヒトから科学文明を見る』、創元社、１９９４年を参照した。

(25) Bowers, 1995b, p. 23.

(26) Bowers, 1997, pp. 4-5.

(27) ibid., pp. 7-9.

(28) Bowers, 1993, p. 9.

(29) このような対話の可能性に関しては、ルーマン, N（土方昭訳）『エコロジーの社会理論：現代社会はエコロジーの危機に対応できるか?』、新泉社、１９９２年、15頁を参照した。

(30) de Haan. G, 1994, "Umweltbildung im kulturellen Kontext", Berlin, Forschungsgruppe

Umweltbildung.
（31）ibid.
（32）Möhring. M, 1996, "Von der Umwelterziehung zu ganzheitlicher Bildung als Ausdruck integralen Bewußteseins", PETER LANG, Frankfurt am Main.

第七章　「持続可能性」概念を基盤とした環境教育理念の検討

（１）阿部治・市川智史・佐藤真久・野村康・高橋正弘「『環境と社会に関する国際会議：持続可能性のための教育とパブリック・アウェアネス』におけるテサロニキ宣言」、『環境教育』、８（２）、１９９９年、71-74頁。
（２）林智「ＳＤの世界システム実現をめざして」（林智・西村忠行・本谷勲・西川栄一『サステイナブル・ディベロップメント：成長・競争から環境・共存へ』、法律文化社、所収）、１９９１年、２１３-２４６頁。
（３）WCED, 1987, Our common future, Oxford Univ. Press, New York, USA（邦訳、環境と開発に関する世界委員会編、大来佐武郎監修『地球の未来を守るために』、福武書店、１９８７年、３５８頁。）
（４）Buitenkamp, M., et al. (eds.), 1993, "Action plan : sustainable Netherlands", Friends of the Earth Netherlands, Amsterdam, the Netherlands.
（５）Durning, A. T., 1992, "How much is enough ?", W. W. Norton & Company, New York, USA（邦訳、アラン・ダーニング（山藤泰訳）『どれだけ消費すれば満足なのか：消費社会と地球の未来』、ダイヤモンド社、１９９６年。）
（６）森田恒幸・川島康子・I. イノハラ「地球環境経済政策の目標体系：『持続可能な発展』とその指標」、季刊環境研究、88、１９９２年、１２４-１４５頁。

（7）林智、同前書。

（8）西村忠行「人類の生き残りの道を探る：サステイナブル・ソサエティ」、（林智ら、同前書、所収）、１９９１年、57－112頁。

（9）これ以降の議論は、今村光章・石川聡子・井上有一・塩川哲雄・原田智代「『持続可能性に向けての教育』の意義と特質：民主的価値と主体的関与の視座」、『環境教育』、11－2、２００２年、96－104頁を参照している。

（10）フィエン，J，（石川聡子・石川寿敏・塩川哲雄・原子栄一郎・渡部智暁訳）『環境のための教育：批判的カリキュラム理論と環境教育』、東信堂、２００１年、２０５頁。

（11）これ以降の議論は、今村光章・石川聡子・井上有一・塩川哲雄・原田智代「Bob Jickingの『持続可能性に向けての教育（EfS）』批判」、環境教育、13－1、２００３年、22－30頁を参照している。

（12）Jickling, B, 1992, "Why I don't want my children to be educated for sustainable development", Journal of Environmental Education, 23（4）: 5-8.

（13）Rossen, J. van, 1995, "Conceptual analysis in environmental education: Why I want my children to be educated for sustainable development", The Australian Journal of Environmental Education, 11, pp. 73-81.

（14）Jickling, B, 1993, "Research in environmental education : Some thoughts on the need for conceptual analysis", Australian Journal of Environmental Education, 9, p. 89.

（15）Jickling, 1992, p. 6.

（16）ibid., pp. 5-8.

（17）ibid., p. 8.

（18）Jickling, B & Spork, H., 1998, "Environmental education for the environment: A critique", Environmental Education Research, 4-3 : 309-327.

(19) Jickling, B, 1997, "If environmental education is to make sense for teachers, we had better rethink how we define it !", Canadian Journal of Environmental Education, 2, pp. 86−103.
(20) Jickling, B, 2002, "Environmental education and environmental advocacy" : Revisited. MS, submitted to Journal of Environmental Education, pp. 3-9.
(21) Jickling, 1992, pp. 6-7.
(22) ibid., p. 8.
(23) Jickling, B. 2000, "A future for sustainability ?", Water, Air, and Soil Pollution, 123（1-4）: pp.467-476.
(24) UNESCO（United Nations Educational, Scientific and Cultural Organization）, 1997, "Final Report : International Conference on Environment and Society : Education and Public Awareness for Sustainability", pp. 16.
(25) ibid., p. 3.

第八章　「ある存在様式」を手がかりとした環境教育理念の検討

(1) Funk, R, 1994, "The Erich Fromm Reader", Humanities Press International.
(2) Fromm, E, 1955, "The Sane Society", Fawcett Premier.
(3) Fromm, E, 1976, "To Have Or To Be ?", Bantam Books.
(4) フロム, E（佐野哲郎訳）『生きるということ』の佐野哲郎の「訳者あとがき」、紀伊国屋書店、１９７７年、２６７-２６９頁。
(5) Fromm, E, 1965, "Escape From Freedom", Avon Books.
(6) Fromm, E, 1956, "The Art of Loving", Harper & Row Publishers.

（7）Fromm, E, 1968, “The Revolution of Hope”, Harper & Row Publishers.
（8）Brooner, S. E, 1992, “Fromm in America”, p. 44.（Michael Kessler/Rainer Funk（Hrsg）, “Erich Fromm und die Frankfurter Schule”, Francke Verlag GmbH Tubingen, 1992.）
（9）教育学と全く無縁ではない点については'Claßn, J, 1987, “Erich Fromm und die Pädagogik”, Beltz Verlag WEINHEIM und Basel. を参照した。
（10）Claßn, Ebd., s. 7.
（11）Brooner, ibid., p. 44.
（12）Fromm, 1965, pp. 304-327.
（13）Fromm, 1986, “Man for Himself”, Ark Paperpacks, pp. 38-44.
（14）Fromm, 1973, “The Anatomy of Human Destractiveness”, An Owl Book.
（15）Fromm, 1986, pp, 210-211.
（16）ibid., pp. 13-14.
（17）op .cit., pp. 40-50, p. 92, p. 96.
（18）op. cit., pp. 40-41.
（19）Fromm, 1976, p. 15.
（20）Fromm, 1986, pp. 21-24.
（21）Fromm, 1965, pp. 304-327.
（22）Fromm, 1976, p. 12.
（23）ibid., p. 15.
（24）op.cit., p. 65.
（25）op.cit., p. 6, pp. 87-90.
（26）Fromm, 1993, “The Art of Being”, Constable London.

（27）ibid., pp. 117–119.
（28）たとえば、アメリカの宗教集団アーミシュなどである。この点については、坂井信生『アーミシュ研究』、教文館、１９７７年、を参照した。
（29）Fromm, 1976, p. 15.
（30）Fromm, 1956, p. vii
（31）Knapp, G. P. 1989, "The Art of Living", Perter Lang, pp. 48–49.

第九章　絵本のなかの環境教育を求めて

（１）加藤尚武『現代を読み解く倫理学：応用倫理学のすすめⅡ』、丸善、１９９６年、１３７–１５０頁。
（２）原子栄一郎「テクノクラシーへの依存から学校教師のイニシアチブへ：オルタナティブな環境教育の進め方を求めて」、東京学芸大学環境教育実践施設研究報告：環境教育研究、６、１９９６年、33–42頁。
（３）ルソー, J. J（今野一雄訳）『エミール』、岩波書店、１９６２年。
（４）ヘルバルト, J. F（三枝孝弘訳）『一般教育学』、明治図書出版、１９６０年、11–12頁。
（５）Busemann, A, 1932, "Handbuch der Pädadogischen Milieukunde", Pädagogischer Verlag Hermann Schroedel, Halle（Saale）.
（６）Bowers, C. A, 1995, "Toward an ecological perspective" : "Critical conversations in Philosophy of Education", Wendy Kohli（Eds）, Routledge, pp. 314–317.
（７）Bowers, C. A. 1993, "Critical Essays on Education, Modernity, and the Recovery of the Ecological Imperative", Teachers College, Columbia University, p. 183, New York.
（８）今村光章「『環境絵本』の分類と制作過程の意義」、環境教育、17（１）、２００７年、23–35頁。

(9) ジョナサン・ポリット作、エリス・ナドラー絵（松村佐知子文）『がんばれエコマン地球をすくえ!:環境問題を考える絵本』、偕成社、1992年。
(10) バージニア・リー・バートン・文と絵（石井桃子訳）『ちいさいおうち』、岩波書店、1965年（原典は1942）。
(11) シム・シメール・絵と文（北山耕平訳）『OUR HOME 我が家』、小学館、1991年。
(12) シム・シメール・絵と文（小梨直訳）『地球のこどもたちへ』、小学館、1993年。
(13) シム・シメール・絵と文（小梨直訳）『母なる地球のために』、小学館、1998年。
(14) シム・シメール・同前書、1993年。
(15) レオポルド.A（新島義昭訳）『野生のうたが聞こえる』、講談社、1997年。
(16) ジョン・バーニンガム・作（長田弘訳）『地球というすてきな星』、ほるぷ出版、1998年。
(17) 葉祥明・絵と文（リッキーニノミヤ英訳）『空気はだれのもの?:ジェイクのメッセージ』、自由国民社、1997年。
(18) 同前書。
(19) 寺田志桜里・文と絵『むったんの海』、くもん出版、1999年。
(20) バートン、同前書。
(21) 同前書。
(22) レオポルド、前掲書、258頁。
(23) 谷川俊太郎・作、元永定正・絵『もこ もこもこ』、文研出版、1977年。
(24) レオ・パスカーリア・作、島田光雄・画（みらいなな訳）『葉っぱのフレディ:いのちの旅』、童話屋、1998年。
(25) クォン・ジョンセン・文、チョン・スンガク・絵（ピョン・キジャ訳）『こいぬのうんち』、平凡社、2000年。

(26)田畑精一・作『ピカピカ』、偕成社、1998年。
(27)(財)消費者教育支援センター制作『へんしんランドへGO!GO!』、1991年。
(28)斎藤隆介・作、滝平二郎・絵『花さき山』、岩崎書店、1969年。
(29)レオ・レオーニ(藤田圭雄訳)『あおくんときいろちゃん』、至光社、1967年。
(30)モーリス・センダック(じんぐうてるお訳)『かいじゅうたちのいるところ』、冨山房、1975年。
(31)溶解体験については、矢野智司『幼児理解の現象学：メディアが開く子どもの生命世界』、萌文書林、2014年など矢野の文献を参照した。
(32)トルストイ原作(柳川茂・文、小林豊・画)『人にはどれだけの土地がいるか』、いのちのことば社フォレストブックス、2006年。
(33)ウラジミール・オルロフ原作、ヴァレンチン・オリシヴァング絵(田中潔文)『ハリネズミと金貨：ロシアのお話』、偕成社、2003年。
(原作は1886年発表、トルストイ(中村白葉訳)『イワンのばか：トルストイ民話集』、岩波書店、1984年。

※絵本の作者名については、できる限り原文通りとした。

終章　生きる環境教育学

(1)ハイデッガー,M(関口浩訳)『技術への問い』、平凡社、2009年、8頁。
(2)ショーン,D.A(佐藤学・秋田喜代美訳)『専門家の知恵：反省的実践家は行為しながら考える』、ゆみる出版、2001年。
(3)佐藤学『教育方法学』、岩波書店、1996年、137頁。
(4)原子栄一郎「『私』の環境教育観を探る」(和田武編『環境問題を学ぶ人のために』、世界思想社、所収)、1999年。
(5)原子栄一郎「『私』の大学環境教育実践を振り返る:なぜ『フィールド環境教育学』をくだかけ生活舎で行うか?」、東京学芸大学環境教育実践施設研究報告、23、2014年、3-18頁。
(6)原子栄一郎「環境教育研究のパラダイムあるいは世界観:私の環境教育研究の足跡を辿りながら」、第5回志学会報告書、2013年、42-57頁。
(7)前掲書、57頁。
(8)今村光章「エーリッヒ・フロムを基底とした環境教育理念構築へのアプローチ」、京都大学教育学部紀要、41、1996年、104-114頁。
(9)この点については、今村光章・石川聡子・五十嵐有美子・下村静穂・井上有一・諸岡浩子「バワーズの環境教育論」、『環境教育』、19-3、2010年、3-14頁を参照した。
(10)原子栄一郎「持続可能性のための教育論」(藤岡貞彦編『〈環境と開発〉の教育学』、同時代社、所収)、1998年、92頁。
(11)フィエン.J(石川聡子ら訳)『環境のための教育:批判的カリキュラム理論と環境教育』、2001年、東信堂。
(12)この点については、今村光章・石川聡子・井上有一・塩川哲雄・原田智代「Bob Jickling の『持続可能性に向けての教育(EfS)』批判」、『環境教育』、13-1、2003年、22-30頁を参照した。
(13)この点についていては、諸岡浩子・今村光章「デ・ハーンの環境教育論の紹介」、『環境教育』、19-3、2010年、46-53頁を参照した。
(14)この点についいては、田中智志、「言説としてのペダゴジー」(田中智志編『ペダゴジーの誕生:アメリカにおける教育の言説とテクノロジー』、多賀出版、所収)、1999年。および、田中智志「自己言及する教育学」(森重雄・田中智志編『〈近代教育〉の社会理論』、勁草書房、所収)、2003年を参照した。

(15) 中沢新一『日本の大転換』集英社、2011年。
(16) 内山節『文明の災禍』、新潮社、2011年、39-40頁。

おわりに

(1) 西平直「教育人間学の作法：教育人間学にはディシプリンがないをめぐって」(田中毎実編『教育人間学：臨床と超越』、東京大学出版会、所収)、2012年、135-138頁。
(2) 養老孟司『ヒトはなぜ、ゴキブリを嫌うのか?：脳化社会の生き方』、扶桑社、2019年、197-198頁。初出は、「子どもと自然：子どもの健康のための講座(1996年12月7日)」の講演である。(富士愛育園・育児センター育児センター会報、1997年6月20日発行)

主要参考文献

・アーノルド，D（飯島昇蔵・川島耕司訳）『環境と人間の歴史　自然、文化、ヨーロッパの世界的拡張』、新評論、1999年。
・朝岡幸彦編『新しい環境教育の実践』、高文堂出版社、2005年。
・朝岡幸彦『入門 新しい環境教育の実践』、筑波書房、2016年。
・阿部治・増田直広編『ESDの地域創生力と自然学校：持続可能な地域をつくる人を育てる』、ナカニシヤ出版、2020年。
・ドレングソン，A、井上有一共編（井上有一監訳）『ディープ・エコロジー：生き方から考える環境の思想』、昭和堂、2001年。
・アルチュセール，L（柳内隆訳）『アルチュセールの〈イデオロギー〉論』、三交社、1993年。
・安藤聡彦・林美帆・丹野春香『公害スタディーズ：悶え、悲しみ、闘い、語りつぐ』、ころから、2021年。
・市川智史『身近な環境への気づきを高める環境教育手法：「環境経験学習」から「指示書方式」への展開』、大学教育出版、2011年。
・市川智史『日本環境教育少史』、ミネルヴァ書房、2016年。
・伊東俊太郎編『講座文明と環境　環境倫理と環境教育』、朝倉書店、1996年。
・井上美智子『幼児期からの環境教育：持続可能な社会にむけて環境観を育てる』、昭和堂、2012年。
・井上美智子・登美丘西こども園『持続可能な社会をめざす0歳からの保育：環境教育に取り組む実践研究のあゆみ』、北大路書房、2020年。
・井上美智子・無藤隆・神田浩行『むすんでみよう子どもと自然：保育現場での環境教育実践ガイド』、北大路書房、２０１０年。
・井上有一・今村光章編『環境教育学：社会的公正と存在の豊かさを求めて』、法律文化社、２０１２年。
・今井清一『食環境教育論』、鳥影社、２０１２年
・今村光章編『持続可能性に向けての環境教育』、昭和堂、２００５年。
・今村光章『環境教育という〈壁〉：社会変革と再生産のダブルバインドを超えて』、昭和堂、２００９年。
・今村光章編『環境教育学の基礎理論：再評価と新機軸』、法律文化社、２０１６年。
・岩田好宏『環境教育とは何か：良質な環境を求めて』、緑風出版、２０１３年。
・梅原猛・伊東俊太郎・安田喜憲『講座文明と環境〈第14巻〉環境倫理と環境教育』、朝倉書店、２００８年。
・大澤真幸『動物的／人間的：社会の起源』、弘文堂、２０１２年。
・大澤力『幼児の環境教育論』、文化書房博文社、２０１１年。
・小川潔・伊東静一・又井裕子・阿部治・朝岡幸彦『自然保護教育論』、筑波書房、２００８年。
・荻原彰『アメリカの環境教育：歴史と現代的課題』、学術出版会、２０１１年。
・荻原彰・小玉敏也編、阿部治・朝岡幸彦監修『ＳＤＧｓ時代の教育：社会変革のためのＥＳＤ』、筑波書房、２０２２年。
・小澤紀美子『持続可能な社会を創る環境教育論：次世代リーダー育成に向けて』、東海大学出版部、２０１５年。
・カーソン, R（青樹簗一訳）『生と死の妙薬：自然均衡の破壊者化学薬品』、新潮社、１９６４年。
・加藤尚武『現代を読み解く倫理学：応用倫理学のすすめⅡ』、丸善、１９９６年。
・加藤尚武『環境倫理学のすすめ：増補新版』、丸善出版、２０２０年。
・加藤秀俊編『日本の環境教育』、河合出版、１９９１年。
・嘉田由紀子・新川達郎・村上紗央里編『レイチェル・カーソンに学ぶ現代環境論：アクティブ・ラーニ

ングによる環境教育の試み』、法律文化社、2017年。
・カヘーテ.G（塚田幸三訳）『インディアンの環境教育』、日本経済評論社、2009年。
・河合隼雄『臨床教育学入門』、岩波書店、1995年。
・川嶋宗継・市川智史・今村光章編『環境教育への招待』、ミネルヴァ書房、2002年。
・北村和夫『環境教育と学校の変革：ひとりの教師として何ができるか』、農山漁村文化協会、2000年。
・クラフキー.W（小笠原道雄監訳）『批判的・構成的教育科学：理論・実践・討論のための論文集』、黎明書房、1984年。
・坂井信生『アーミシュ研究』、教文館、1977年。
・佐々木豊志『環境社会の変化と自然学校の役割：自然学校に期待される3つの基軸：くりこま高原自然学校での実践を踏まえて』、みくに出版、2016年
・佐藤真久・田代直幸・蟹江憲史『SDGsと環境教育：地球資源制約の視座と持続可能な開発目標のための学び』、学文社、2017年。
・シェファー.V.B（内田正夫訳）『環境保護の夜明け：アメリカの経験に学ぶ』、日本経済評論社、1994年。
・柴田良稔『環境と共生の教育学：総合人間学的考察』、大空社、1998年。
・シュプランガー.E（村田昇・片山光宏共訳）『教育学的展望：現代の教育問題』、東信堂、1987年。
・シューマッハー.E.F（小島慶三・酒井懋訳）『スモール　イズ　ビューティフル：人間中心の経済学』、講談社、1986年。
・鈴木善次『人間環境教育論：生物としてのヒトから科学文明を見る』、創元社、1994年。
・鈴木善次『環境教育学原論：科学文明を問い直す』、東京大学出版会、2014年。
・鈴木敏正『持続可能な発展の教育学：ともに世界をつくる学び』、東洋館出版社、2013年。
・鈴木敏正・佐藤真久・田中治彦『環境教育と開発教育：実践的統一への展望：ポスト2015のESD

へ』、筑波書房、２０１４年。
・ソベル．Ｄ（岸由二訳）『足もとの自然から始めよう：子どもを自然嫌いにしたくない親と教師のために』、日経ＢＰ社、２００９年。
・田浦武雄著『教育的価値論』、福村出版、１９６７年。
・高橋正弘『環境教育政策の制度化研究』、風間書房、２０１３年。
・高村泰雄・丸山博『環境科学教授法の研究』、北海道大学図書刊行会、１９９６年。
・滝口素行『現場から考える環境教育：まず一人ではじめよう』、創風社、２０１４年。
・田中優『環境教育善意の落とし穴』、大月書店、２００９年。
・中村雄二郎『臨床の知とは何か』、岩波書店、１９９２年。
・西井麻美・藤倉まなみ・大江ひろ子・西井寿里『持続可能な開発のための教育〈ＥＳＤ〉の理論と実践』、ミネルヴァ書房、２０１２年。
・西村仁志『ソーシャル・イノベーションとしての自然学校：成立と発展のダイナミズム』、みくに出版、２０１３年。
・日本環境教育学会『環境教育』、教育出版、２０１２年。
・日本環境教育学会年報編集委員会編『環境教育とＥＳＤ』、東洋館出版社、２０１４年。
・日本社会教育学会年報編集委員会編『社会教育としてのＥＳＤ：持続可能な地域をつくる』、東洋館出版社、２０１５年。
・沼田裕之『教育目的の比較文化的考察』、玉川大学出版部、１９９５年。
・沼田眞『環境教育論：人間と自然とのかかわり』、東海大学出版会、１９８２年。
・沼田眞『環境教育のすすめ』、東海大学出版会、１９８７年。
・ネス．Ａ（斎藤直輔・開龍美訳）『ディープ・エコロジーとは何か：エコロジー・共同体・ライフスタイル』、文化書房博文社、１９９７年。

・野田恵『自然体験論：農山村における自然学校の理論』、みくに出版、２０１２年。
・フィエン.J（石川聡子・石川寿敏・塩川哲雄・原子栄一郎・渡部智暁訳）『環境のための教育　批判的カリキュラム理論と環境教育』、東信堂、２００１年。
・福島達男『環境教育の成立と発展』、国土社、１９９３年。
・福島要一『環境教育の理論と実践』、あゆみ出版、１９８５年。
・藤岡貞彦編『〈環境と開発〉の教育学』、同時代社、１９９８年。
・藤岡達也『環境教育と総合的な学習の時間』、協同出版、２０１１年。
・降旗信一『現代自然体験学習の成立と発展』、風間書房、２０１２年。
・降旗信一『ＥＳＤ〈持続可能な開発のための教育〉と自然体験学習：サステイナブル社会の教職教育』、風間書房、２０１４年。
・諏訪哲郎監修、降旗信一・小玉敏也著『持続可能な未来のための教職論』、学文社、２０１６年。
・ブレツィンカ.W（岡田渥美・山﨑高哉監訳）『価値多様化時代の教育』、玉川大学出版部、１９９２年。
・ブレティンカ.W（小笠原道雄・坂越正樹監訳）『信念・道徳・教育』、玉川大学出版部、１９９５年。
・ベイトソン.G（佐藤良明訳）『精神の生態学』、新思索社、２０００年。
・マコーミック.J（石弘之・山口裕司訳）『地球環境運動全史』、岩波書店、１９９８年。
・増渕幸男『教育的価値論の研究』、玉川大学出版部、１９９４年。
・松永幸子・三浦正雄『生命・人間・教育：豊かな生命観を育む教育の創造（埼玉学園大学研究叢書　第14巻）』、明石書店、２０１６年。
・御代川貴久夫・関啓子『環境教育を学ぶ人のために』、世界思想社、２００９年。
・見田宗介『現代社会の理論：情報化・消費化社会の現在と未来』、岩波書店、１９９６年。
・森昭『現代教育学原論（改訂二版）』、国土社、１９７５年。
・山本容子『環境倫理を育む環境教育と授業：ディープ・エコロジーからのアプローチ』、風間書房、

２０１７年。
・ラングナー，T（染谷有美子訳）『ドイツ環境教育教本：環境を守るための宝箱』緑風出版、２０１０年。
・ラングフェルト，M. J（岡田渥美・和田修二監訳）『教育と人間の省察』、玉川大学出版部、１９７４年。
・リット，Th（石原鉄雄訳）『教育の根本問題：指導か放任か』、明治図書出版、１９７１年。
・ルーマン，N（土方昭訳）『エコロジーの社会理論：現代社会はエコロジーの危機に対応できるか？』、新泉社、１９９２年。
・和田修二・山﨑高哉編『人間の生涯と教育の課題』、昭和堂、１９８８年。
・和田武編『環境問題を学ぶ人のために』、世界思想社、１９９９年。

・Bowers, C. A. 1993a, “Education, Cultural Myths, and the Ecological Crisis : Toward Deep Changes (Suny Series in the Philosophy of Education)”, State Univ of New York Press, New York.
・Bowers, C. A. 1993b, “Critical Essays on Education, Modernity, and the Recovery of the Ecological Imperative”, Teachers College, Columbia University, New York.
・Bowers, C. A. 1995a, “Toward an ecological perspective”, Critical conversations in Philosophy of Education, Edited; Wendy Kohli, Routledge, New York.
・Bowers, C. A. 1995b, Educating for an Ecologically sustainable culture : Rethinking Moral Education, Creativity, Intelligence, and Other Modern Orthodoxies (Suny Series I) State University of New York Press, New York.
・Bowers, C. A. 1997, The Culture of Denial : Why the Environmental Movement Needs a Strategy for Reforming Universities and Public Schools, State Unversity of New York Press, Albany.
・Brooner. S. E. 1992, “Fromm in America”, (Michael Kessler/Rainer Funk (Hrsg), in “Erich Fromm und die Frankfurter Schule”, Francke Verlag GmbH Tubingen, 1992).

· Busemann, A, 1932, "Handbuch der Pädadogischen Milieukunde", Pädagogischer Verlag Hermann Schroedel, Halle (Saale).
· Carley, M. and Spapens, P., 1998, "Sharing the world : sustainable living and global equity in the 21st century", Earthscan Publications Ltd, UK.
· Durning, A. T., 1992, "How much is enough ?", W. W. Norton & Company, New York, USA.
· Fien, J., 1993, Education for Environment : Critical curriculum theorising and environmental education, Deakin University Press, Geelong, Australia.
· Fromm, E, 1956, "The art of loving", Harper & Row, Published.
· Fromm, E, 1965, "Escape From Freedom", Avon Books.
· Fromm, E, 1968, "The revolution of hope", Harper & Row, Published.
· Fromm, E, 1976, "To have or to be ?", Bantam Books.
· Fromm, E, 1995, "The Sane Society", Fawcett Premier.
· Funk, R, 1994, "The Erich Fromm Reader", Humanities Press International.
· Haan, Gehard de, 1994, "Umweltbildung im kulturellen Kontext", Berlin, Forschungsgruppe Umweltbildung.
· Horkheimer, M. "Kritik der instrumentellen Vernunft", Frankfurt a. M. 1967 (am. 1947).
· Jickling, B, 1992, "Why I don't want my children to be educated for sustainable development", Journal of Environmental Education, 23 (4).
· Jickling, B, 1993, "Research in environmental education : Some thoughts on the need for conceptual analysis", Australian Journal of Environmental Education, 9.
· Jickling, B, 1997, "If environmental education is to make sense for teachers, we had better rethink how we define it !", Canadian Journal of Environmental Education, 2.

- Knapp, G. P. 1989, "The Art of Living", Perter Lang.
- Lucus, A. M. 1991, "Environmental Education : What is It For Whom, For What Purpose, and How ?", Shoshana Keiny and Uri Zoller.（ed.）, CoceptualIssues in Environmental Education", Petr Lang.
- Meadows, D. H. et al., 1972, "The Limits to Growth", New York univers Books, 1972.
- Orr, D, 1992, Ecological literacy, Albany : State university of New York Press, New York.
- Robottom, I, and Hart, P, 1993, Research in Environmental Education, Deakin University Press. Australia Robottom, Hart, 1993.
- Rossen, J. van, 1995, "Conceptual analysis in environmental education : Why I want my children to be educated for sustainable development", The Australian Journal of Environmental Education, 11.
- Shrader-Frechette, K. S. 1981, "Environmental Ethics", The Boxwood Press, USA.

初出一覧

以下が、本書の各章を執筆する際のアイデアの土台となった論文である。いずれも大幅な加筆と修正、再構成を施している。

序章
　書き下ろし
第一章
「『環境教育』概念の検討：用語『環境』と『環境教育』の語義と由来をめぐって」、『環境教育』、10－2、2001年、24－33頁。
第二章
　書き下ろし
第三章
　書き下ろし
第四章
「環境教育の『壁』を乗り越えるための勇気と希望」、『環境教育という〈壁〉：社会変革と再生産のダブルバインドを超えて』、昭和堂、2009年、63－79頁。

第五章
「学校における環境教育の教育学的基礎づけを求めて」、『環境教育』、８-１、１９９８年、11-22頁。
「研究ノート：環境教育研究における理論研究の位置付け」、仁愛女子短期大学紀要 32、２０００年、81-90頁。
第六章
「環境教育ダブルバインド論の視座とその射程」、山﨑高哉編『応答する教育哲学』、ナカニシヤ出版、２００３年、１８２-２００頁。
第七章
　書き下ろし
第八章
「エーリッヒ・フロムを基底とした環境教育理念構築へのアプローチ」、京都大学教育学部紀要、41、１９９６年、１０４-１１４頁。
第九章
「物語の中の環境教育を求めて：メカニカル＝テクニカルな『環境教育という物語』を超えて」矢野智司・鳶野克己編『物語の臨界：「物語ること」の教育学』、世織書房、２００３年、１５１-１７９頁。
終章
「生きる環境教育学：進化し越境し変貌する可能性を求めて」、今村光章編『環境教育学の基礎理論：再評価と新機軸』、法律文化社、２０１６年、１９６-２１２頁。

著者紹介

今村光章（いまむら　みつゆき）

1965 年　滋賀県大津市生まれ
1990 年　京都大学教育学部卒業
1996 年　京都大学大学院教育学研究科博士後期課程修了（教育学専攻）
1997 年　仁愛女子短期大学幼児教育学科専任講師（1999 年 同助教授）
2003 年　岐阜大学教育学部助教授（2007 年 同准教授 2014 年 同教授）
現　在　岐阜大学教育学部教授（学校教育講座）　博士（学術）
　　　　岐阜大学教育学部附属小中学校 統括長　（併任）

単著

『ディープ・コミュニケーション:出会い直しのための「臨床保育学」物語』（行路社 2003 年）
『アイスブレイク入門:心をほぐす出会いのレッスン』(解放出版社 2009 年)
『環境教育という〈壁〉：社会変革と再生産のダブルバインドを超えて』（昭和堂 2009 年）
『アイスブレイク：出会いの仕掛け人になる』（晶文社 2014 年）

編著

『環境教育への招待』（ミネルヴァ書房 2002 年）
『持続可能性に向けての環境教育』（昭和堂 2005 年）
『環境教育学：再評価と新機軸』（法律文化社 2012 年）
『環境教育学の基礎理論：社会的公正と存在の豊かさを求めて』（法律文化社 2016 年）　ほか

共著

『物語の臨界:「物語ること」の教育学』（世織書房 2003 年）
『応答する教育哲学』（ナカニシヤ出版 2003 年）
『プラットフォーム　環境教育』（東信堂 2008 年）
『〈オトコの育児〉の社会学：家族をめぐる喜びととまどい』（ミネルヴァ書房 2016 年）　ほか

環境教育学のために　基礎理論を踏まえて越境する

2023年3月6日　初版第1刷発行

著　者　今村光章

発行所　株式会社めるくまーる
〒101-0051　東京都千代田区神田神保町1-11
電話 03-3518-2003　FAX 03-3518-2004
URL　https://www.merkmal.biz/

装　幀　クリエイティブ・コンセプト

印刷/製本　ベクトル印刷株式会社

ISBN978-4-8397-0183-3　Printed in Japan